自然
追蹤
眼力大考驗

動物隱身術

高雄市·自然觀察學會————

著

Can you see them?

導讀
用眼睛挖掘大自然的魅力

　　看完這本書，大家一定會知道動物們為了保命，花了不少心血。

　　事實確是如此，如果牠們沒有這些絕招，在害敵的捕食下，不少種類恐怕早已從世界絕跡。但動物們活著的目的，並非僅是為了保命，牠們最終、也是最大的目的，乃在於留下更多、更健康的後代。因此，雖然牠們有著完備的保護色、能偽裝的身體，必要時還是得冒著生命危險，出去覓食、尋偶、交尾而走動。如此一動，偽裝的保命效果就減低不少，也確實有不少動物在這樣走動時喪命。

　　採用擬態策略的動物也是一樣，自牠們發生、活動期、分佈範圍、棲所等，必須配合被擬態種的一切，否則擬態功夫幾成白費。牠們採用擬態的代價不止如此，例如在106頁介紹的玉帶鳳蝶，雄蝶以後翅邊緣的一排黃白色斑點為路標，尋找到雌蝶而交尾；如此擬態紅紋鳳蝶的玉帶鳳蝶雌蝶，雖然存活率比非擬態型雌蝶高，但交尾率及產卵數，自然比非擬態型低又少。

　　在南美洲北部熱帶雨林裡，有一群外觀類似的毒蛾，是典型的穆氏擬態的例子，常出現在有關動物生態學的書上。有位專家就其中的一種紅條毒蝶（*Heliconius melpomene*）做了一個有趣的試驗，由於紅條毒蝶在黑色前翅上帶有深紅色的大斑紋，他飼養了好多紅紋毒蝶，再以顏料製作不同顏色翅膀和斑紋的雌蝶，然後依被鳥類的啄食率與和雄蝶的交尾率，在大網室裡調查各種配色雌蝶，結果顯示，雄蝶對整個翅膀深紅色的雌蝶有交尾偏好性；但這種雌蝶目標顯著，最容易被鳥啄食，專家因而認為雌蝶為了兼顧自己生命安全及保持較高的交尾率，把紅色斑紋限制於整個前翅面積之約三分之一，如此也可類似其他毒蛾翅膀的配色形式。

　　談到水臘蛾（見93頁），不但能依怪奇外觀嚇止害敵，由於幼蟲期的食物——水臘樹樹葉中，有一種能改變取食者體內蛋白質品質的有毒物質，因此以水臘樹為食的昆蟲並不多，水臘蛾幼蟲便是這少數種之一。由於水臘蛾幼蟲體內含有一些有毒成分，鳥類會忌而遠之，因而甚少被啄食，但這一招對一些寄生蠅卻行不通，多數水臘蛾幼蟲仍受到寄生而死亡，也因此，水臘蛾一直蟄居於不常見的昆蟲。

　　由此可知，偽裝也好，擬態也好，都不是無缺點、十全十美的策略。就昆蟲而言，牠的天敵雖多，最大勁敵還是蟲食性的鳥類，因此，這些策略大多是針對鳥類而發展出來的。但鳥類是以記憶力好、學習能力又強而著名的脊椎動物，在偽裝性動物外，有較容易找到的獵物時，牠知道針對目標顯著的獵物為食，可提高取食效率；然而，缺乏容易找到的獵物時，鳥類在細心的覓食下，昆蟲偽裝的功夫是容易破功的。不幸啄到一隻有毒劣味的獵物時，鳥類會長期記住這次的苦頭。有了這些前提條件，偽裝、擬態的策略才會奏效。

　　由此可知，自然界的機制很巧妙又複雜，更不是躲起來或模仿別人，問題就可以解決，但如此的巧妙、複雜性，也就是大自然的魅力，若是我們眼睛展開些，且從各種角度去觀察、考量，就可發現挖不盡的智慧之寶。

前國立台灣大學昆蟲學系名譽教授

朱耀沂

推薦序

50雙眼睛的自然追捕

　　和文藝兄最初的邂逅是透過一位高雄自然之友林瑞典先生，同時也藉由這個機緣結識了另外好幾位愛好大自然的南台灣朋友。隨著交往的深入，我對這幾位朋友的尊敬與佩服與時俱增。這些朋友有的是醫譽卓著的牙醫師，有的是日理萬機的銀行家，有的是技巧高超的攝影師，可以想見，這些可敬的職業工作量有多麼鉅大！然而，這幾位朋友早年迷上了妙趣橫生的大自然之後，在日常繁重的工作之餘，並沒有把假日花在休閒娛樂上，而是把全部的時間、精力完全投入了他們鍾愛的自然觀察、學習及攝影。當他們的同行在家裡補眠、外出逛街散步時，文藝兄他們可能正上山下海，頂著烈日揮汗如雨，或穿越草澤忍受蚊蟲圍攻，細心地探索自然界萬物的呼吸。他們用最大的熱情，詳細觀察各種生命現象，用心體會，並且思索這些現象的意義，當遇到困難時，他們便熱心地討論，而我也有幸常常參與他們的討論，受益匪淺。

　　文藝兄等幾位朋友在南台灣發起成立了「高雄市自然觀察學會」，作為大自然觀察心得交流的平台，他們的學會極其活躍，除了經常性的觀察、學習活動與討論以外，還積極參加各項保育與鄉土生態教育工作，此外，並每年發行年曆等出版物，將成果和社會大眾分享，令人擊節讚嘆。

　　幾個月前，文藝兄來電提起他和朋友將合作寫一本關於自然觀察的書，當時便期待不已，因為就我對他們的瞭解，很清楚抱持完美主義的這幾位朋友，如果沒有充分的準備，是不會下決心寫書的。另一方面，過去曾多次拜讀他們攝影作品的我，深深覺得他們的作品明顯有別於我自己拍的相片。說來慚愧，我的研究對象雖然是生物，但拍照目的通常只是為了資料的保存，

談不上有美感或是藝術性，難以體現造物之奇，文藝兄他們拍照時卻十分吹毛求疵，力求照片能充分表現自然之美。

　　商周出版主編張碧員小姐日前將初稿捎來給我，拜讀之後便發現比我原先想像的還要精彩。圖文內容不但精彩，而且精心設計了許多引人入勝的謎題，藉由這些謎題介紹自然界許多奇妙的現象，諸如偽裝、保護色、擬態等生存策略，讀者將可以透過這些巧妙構思出來的謎題，學習與體會許多生態知識。我很高興能藉由寫序的機會先睹為快，並向讀者們鄭重推薦這本雅俗共賞，兼具美學與科學價值的好書。

國立台灣師範大學生命科學系教授
美國加州柏克萊大學博士

徐堉峰

於梅雨綿綿的初夏
2007.06.10

序
不可忽視的生存伎倆

　　閒暇之餘，和自然觀察學會的三、五好友，到山上、田間或海邊，觀察、拍照、寫成紀錄，已成為生活上最大的消遣。每當發現自己新的記錄種植物、昆蟲或其他動物時，總會雀躍好幾天；或是解開了平時無法貫通的生態謎思時，那種如發現寶藏的喜悅，往往令人一再回味，久久不能忘懷。

　　更難能可貴的是，自然觀察學會的戶外觀察或室內聚會，所有參與的人都能不計較、不吝嗇地將自己野外的發現或觀察心得和大家分享，讓大家似乎擁有50餘雙眼睛觀察四面八方，有50餘雙手搜集各物種資料，有50餘雙腿跑遍天下，更有50餘個頭腦來分析資料；最大的收穫是，經過大家的互相切磋、互相學習之後，對大自然有更深入的了解和認識，越認識大自然，越能體會浩瀚大自然中人類的見絀、渺小，當然也就更加尊重自然與環境。

　　每一個物種能存活在地球上，都是一個奇蹟；除了要想辦法取得食物、養分的來源之外，還要躲避天敵的捕食；因此，偽裝與擬態的技巧就成了生存的重要課題，有趣的是，雖然人類偽裝與擬態之需要已漸漸式微，我們內心深處對學習偽裝及擬態技巧的需求似乎絲毫未減。每次去學校或社區分享自然觀察經驗時，偽裝與擬態行為的介紹，總是能喚起在場所有人的好奇心與探索情境，讓上課或演講的氣氛也變得熱絡起來，終能賓主盡歡。在眾多的好評與鼓勵下，我們於是開始搜集更多偽裝和擬態的資料，並期望能做成出版品與更多人分享。此想法一提出，學會的會員都相當贊同，並盡力留心拍攝相關的照片。

　　在製作的過程中，有賴陳仁杰醫師的主筆、螃蟹王子李榮祥的熱心幫忙、生物達人梁靖薇老師的資料提供、現任理事長林瑞典先生的大力支持、

鄧柑謀老師的機動協助、楊登元總幹事及鄭秀月小姐的文稿處理,並靠著全體會員的通力合作,經過幾年的努力終於讓本書問世,和大家分享。

　　透過觀察與了解,我們知道,即使是一隻小昆蟲的生存伎倆,都經過千萬年才演化出來,這裡頭有許多是人類望塵莫及的,甚至是人類可以學習的智慧,我們有什麼理由輕忽牠們的存在呢?

　　期望這本書是民眾認識、分析自然環境奧秘的一扇窗,並能帶動「分析探究」的自然觀察風氣,一點一點解開自然中的謎思,學習大自然的智慧,進而尊重自然中的蟲、魚、鳥、獸、一草一木,牠們是我們的食物來源,也是我們的朋友,更是我們的老師,有了牠們,人類才能生存繁榮,沒有牠們,人類什麼都不是。近年來,我們對環境及物種的重視程度已漸漸增加,希望藉由本書,更進一步能開啓自然觀察者分析物種與物種、物種與環境的關係,並進入物種生存奧秘的大門。

高雄市自然觀察學會創會理事長

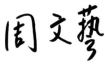

動物隱身術【目錄】

第一章 偽裝 ——神乎其技的隱身術

第二章 擬態──用心良苦的模仿

第一章

偽裝

神乎其技的隱身術

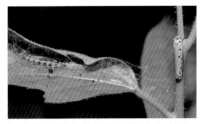

恆春厚殼樹上的八點篩蛾幼蟲（左）
與成蟲（右）。

八點篩蛾（*Ethmia octanoma*）
扁腹蛾科篩蛾屬的成員都是小型蛾類，翅細
長，前翅銀白色有多顆小黑斑。

壽山上的八點篩蛾幼蟲成群聚集，
吐絲將自己與恆春厚殼樹的葉片都
包起來，才安心的一起進食。

毛毛蟲
集體失蹤了

　　春天，高雄市壽山的恆春厚殼樹上聚
集了許多毛毛蟲，牠們是篩蛾的幼蟲。
這些會搭帳篷的毛毛蟲，吐絲將自己和
同伴連同樹葉團團包起來，就在裡面有
恃無恐地大嚼葉片。有時候，整棵樹的
葉子會被吃得精光，看起來就像一棵棵
結滿了蜘蛛網的枯樹。然而，有一天，
這整群的毛毛蟲竟在一夜之間神祕消失
了！是什麼厲害的天敵到來，將牠們

一舉殲滅？還是一夕間全都落荒而逃？或者牠們即將化蛹？但遍尋樹身，除了空蕩蕩的絲團帳篷，能找到的只有寥寥幾個蟲繭。奇怪，毛毛蟲都到哪兒去了呢？

　　一般說來，即將化蛹的終齡毛毛蟲，常會爬到附近的樹幹、樹枝處結繭。如果真是這樣，這附近一定會有數量龐大的蟲繭，應當很容易被發現才對呀！這到底是怎麼一回事呢？

　　其實，篩蛾的繭確實滿佈在食草附近的樹幹與樹枝，只是隱藏得太好，不容易被發現！

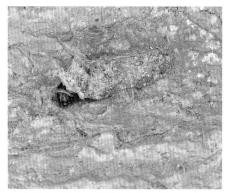

有的篩蛾幼蟲在樹幹結繭，牠們刮取樹皮和著絲，將自己包裹起來，完成後的繭就像是樹幹的一部分。

有的篩蛾幼蟲在細樹枝上結繭，吐絲將自己和細枝都通通包起來。

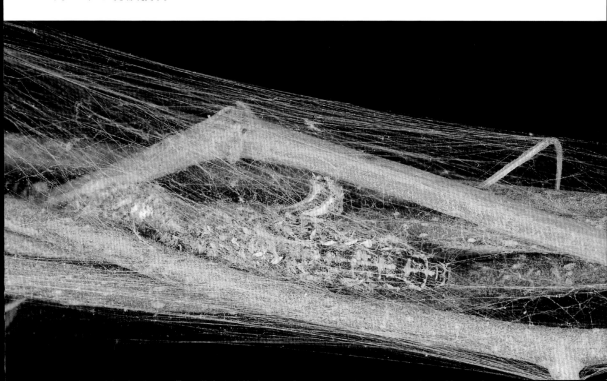

篩蛾羽化後仍留在樹枝上的繭，如果不是
繭上有開口，還露出裡頭的襯絲，真令人
難以想像，這樹枝上附著了三個繭。

　　原來，篩蛾幼蟲爬上樹幹後，選擇到適當地點，就一面刮取樹皮表層，和著絲慢慢地將自己包裹起來。因此，完成的繭，其外型、顏色就像樹皮，具有非常完美的隱形效果。

　　選擇在細樹枝上化蛹的毛毛蟲，則先用絲將自己和鄰近的枝條包起來，然後也同樣刮食樹皮作繭。過些時日，外圍保護的絲逐漸脫落，蟲繭就會更像殘存的枝頭，如果不撥開繭皮，還真不敢相信一小段細枝上竟然隱藏了許多蟲繭呢！

　　篩蛾幼蟲運用了高超的偽裝技術，除了躲過我們的眼睛，更能逃過天敵的偵搜，如此才能順利羽化，並且大量繁衍。

　　偽裝的目的，是為了躲避他人的目光，使自己不被發現。自然界裡，許多弱小的動物善用偽裝術，因此降低被吃掉的風險；對於掠食者而言，好的偽裝也有助於接近獵物，增加捕食機會。大自然裡永遠上演著「吃與被吃」的宿命機制，也因此各種偽裝的方式及策略，繁複多樣，精采絕倫。作為好的自然觀察家，必須具備一對敏銳的法眼，才能享有發現這些奧秘的喜悅。

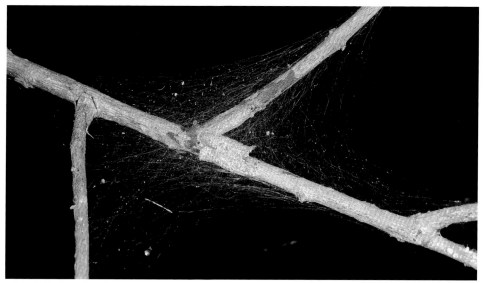

剛完成的繭，旁邊仍有許多細絲。圖中有三個繭，你都找到了嗎？

試試你的眼力

牠
在哪裡?

葉子上有蟲嗎? 眼力等級:7(答案見21頁)

找找看矛斯船在哪裡? 眼力等級:8(答案見22頁)

樹幹上有什麼？　眼力等級：9（答案見18頁）

什麼東西隱形在樹幹上？眼力等級：9（答案見19頁）

樹幹上的
保護色

這隻停棲在樹幹上的蛾，你多久才看了出來？

　　色彩斑駁、表面粗糙的樹幹，是善於利用保護色的昆蟲喜歡停棲的地方。這些昆蟲除了體色原本就和樹皮接近，有些甚至會利用一些斑紋來分割自己的身體影像（disruptive coloration），讓體色斷裂成幾個部分後，鑲嵌在樹幹背景中，掠食者就難以從外型上看出牠那「蟲」的外觀。此外，有些蟲擁有扁平的身體，停棲時可減少影子的產生，這也是偽裝能否成功的重要關鍵。

擁有扁平身體的蓬萊蛾蠟蟬，灰綠的體色及佈滿疣突的體表，停棲時，幾乎成為樹皮的一部分而消失在樹幹中。

蓬萊蛾蠟蟬（*Atracis formosans*）
此科是同翅目的一員，身體扁平，兩前翅末端重疊，若蟲生活在樹幹上。

找找看尺蠖蛾在哪裡？牠的身體扁平，體色近似樹皮，是偽裝的高手。

尺蠖蛾（Geometridae）

尺蠖蛾科種類超過二萬種。幼蟲只有2或3對肉足（一般的蛾類幼蟲有5對），因此移動時，常常需將身體弓起，好像人們用手指在丈量物品的長度，因而得名。成蛾停棲時，常將翅向外伸展平貼，特徵明顯。

樹皮螳螂（*Theopompula ophthalmica*）

和一般抬頭挺胸的螳螂不同，樹皮螳螂和其他棲息在樹幹上的生物一樣，身體構造竭盡所能地演化成扁平狀，以減少影子產生。扁平的體態和雜亂的暗色碎斑，使樹皮螳螂在斑駁的樹幹上有很好的偽裝。體長約4.5~5cm。

你看出下圖這隻樹皮螳螂到底長什麼樣子了嗎？定居在樹幹的樹皮螳螂，有扁平的身體及低伏的移動方式，不但不易被掠食者發現，也容易接近獵物。

什麼是「體色分割」？

　　生物棲息的環境背景，通常不是單一色彩，因此當一隻綠色的蟲子，移動到非綠色的背景時，就很容易被掠食者發現（如21頁圖），而慘遭捕食。有些生物就利用和身體底色對比強烈的條紋（如斑馬）或斑塊（如長頸鹿），打斷或破壞身體的外觀，使自己在停棲或移動中，不易被掠食者看清身體的完整輪廓，這也是一種偽裝的方式。在生物學上，這就是所謂的體色分割（disruptive coloration）。軍人穿的野戰服也有相同的效果。

粗斜紋天蛾就善於利用身上許多暗色的條紋，打散了身體的外觀輪廓，使掠食者不易發現。

粗斜紋天蛾

（*Notonagemia analis gressitti*）

展翅長約10cm，翅形細長，灰色，上有許多暗棕色縱斑。寄主植物為樟樹和梣樹，及木蘭科樹木。

綠葉叢中的
保護色

　　吃葉片的昆蟲，必須長時間停留在葉片上，若將身體演化成葉子的顏色與外型，不失為最節省能量的偽裝方式。不過，牠們不是變色龍，如果不小心停在和自己體色不同的地方，就會顯得太招搖，反而很容易成為掠食者的美食。

角胸葉蟬的若蟲停在綠葉時有很好的隱身效果。一旦離開綠葉，則很容易成為掠食者的食物，例如左圖，稍有不慎便成了攀木蜥蜴的美食。

角胸葉蟬（*Tituria angulata*）
若蟲時期體型極扁平，停佇在樹葉上時，可以躲避捕食者的視線。成蟲頭部到中胸背板呈菱形，雙翅合併呈屋脊狀。

蘭嶼大葉螽蟴雖然體型碩大，但憑著綠
色的身體，及葉片狀的前翅，在樹葉叢
中一點也不顯眼。

蘭嶼大葉螽蟴（*Phyllophorina kotoshoensis*）

大型螽蟴，分布在蘭嶼與綠島，是台灣特有
種，前胸背板呈二斜交的三角型，相當特別。
是台灣直翅目昆蟲中，唯一被列為保育類者。

這兩隻尺蠖蛾幼蟲啃
食烏桕嫩葉後，就地
停棲，索性化身為兩
支殘存的葉柄。

豹紋蝶的終齡幼蟲似乎故意留下一部分葉子
不吃完，好方便化蛹後僞裝成另一片葉子。

豹紋蝶（*Timelaea albescens*）

是蛺蝶科蝴蝶，展翅寬4.5~6cm，橙黃色的翅上
佈滿大小不一的黑斑，看起來好像是花豹的斑
紋。分佈在海拔500~1500山區，飛行緩慢。幼蟲
的食草爲台灣朴樹。

不同顏色的雜草中有不同體色的蝗
蟲。尖細的頭部與觸角，使長頭蝗在
草堆中有極好的僞裝。

長頭蝗（*Acrida cinerea*）

頭部尖細，兩側各有兩條淡褐色條紋。體
色有綠色及褐色兩型，生活在低海拔山區
的禾草叢中。

試試你的眼力

牠
在哪裡？

是枯葉，還是蟲？　眼力等級：9（答案見28頁）

毛毛蟲在哪裡？　眼力等級：9（答案見26頁）

落葉堆中找一找，你發現了誰？　眼力等級：8（答案見27頁）

竹節蟲在哪裡？有幾隻？　眼力等級：7（答案見28頁）

以假亂真的一片枯葉

除了讓人找不到，有些昆蟲則是將外型演化成掠食者不能吃，或不好吃的物體，例如落葉、枯枝或鳥糞等。樹葉一旦枯萎，便逐漸變為褐色、暗棕色。擁有這類體色的昆蟲，只要停棲在枯葉中，就有了隱身效果。許多蝶蛾類更進一步演化成枯葉狀，不但顏色紋理相似，連葉形、葉脈都一一齊備，甚至連葉子上的霉斑都模仿得唯妙唯肖，就是停棲在落葉以外的地方，也能騙

枯葉末端站著一隻台灣三線蝶幼蟲，蟲體就像枯葉的一部分。

台灣三線蝶（*Neptis nata*）

蛺蝶科。黑色的翅膀有三條白色斑紋，牠的中間白色條紋是近似種中最細小的。生活在低海拔山區。幼蟲的食草爲山黃麻。

型態酷似枯葉的一隻蛾，翅上三條明顯又凸起的淡色條紋會合於右端，頭部低調的指向左側，而最易暴露身分的觸角則暗藏於前翅下方。即使置身綠葉，也不會讓人懷疑牠不是一片枯葉。

過掠食者。

　此類具有隱藏功能的偽裝方式，被稱作「隱蔽式擬態」（mimesis）。這和下一章（見98頁）以模仿有毒或危險的物種，使掠食者清楚看到卻不敢吃的「擬態」（mimicry）不同。

枯葉夜蛾（Adris tyrannus）

夜蛾科蛾類，展翅寬約10cm，全身枯葉色，停棲時雙翅合併呈屋脊狀，翅上有三條淡色條紋。活動於中、低海拔山區。

如果不是左下方細長的觸角，真會讓人以為這隻枯葉夜蛾的雙翅就是兩片斜交的落葉。

枯葉蝶（Kallima inachus）

蛺蝶科，展翅寬7~8cm，前翅正面有一明顯黃色斜紋，翅的腹面呈枯葉狀。幼蟲的食草有台灣鱗球花、台灣馬藍、賽山藍。

這隻枯葉蝶不但有枯葉的顏色與外形，翅上深淺、大小不一的斑點也像枯葉的霉斑。

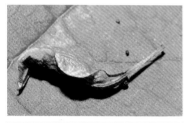

雖有兩粒黑色蟲屎在旁邊，圖中卻是一片捲曲的落葉；而下圖外型類似枯葉者，卻是一隻鉤蛾(Drepanidae)的幼蟲。你相信嗎？

棉桿竹節蟲
（*Sipyloidea sipylus*）

體長約為7.5cm，身體呈黃褐色，有深棕色小斑點。目前只有雌蟲，沒有雄蟲的發現紀錄，行孤雌生殖，曾是棉花的害蟲。下翅為紅色，飛行中很容易被發現。受到刺激時，會由前胸前方的腺體發出人蔘氣味，用來驅敵。

台灣姬螳螂
（*Acromantis formosana*）

花螳螂科。成蟲長約3～3.5cm，身體大致為淡褐色，但前翅邊緣為綠色，末端截角狀。棲息在低、中海拔山區。

枯黃的芒草片上有兩隻棉桿竹節蟲，你看到了嗎？

台灣姬螳螂若蟲的頭部與腹端呈暗棕色，其餘身體綠色。當牠停留在葉端，看起來就好像是部分枯萎捲曲的嫩葉。

這隻蝗蟲不但體色、外形像枯葉，連最易被掠食者發現的複眼也和體色一致，兩複眼被一白線分割，看起來就是不像複眼。

如果沒看到觸角，真難想像圖中有隻黑樹蔭蝶。

黑樹蔭蝶（*Melanitis phedima*）
蛺蝶科中型蝴蝶。翅膀顏色如枯葉，近翅緣有一排小眼斑，前後兩翅端有明顯突出。幼蟲的食草為颱風草。

左圖有蟲藏身其中，找到了嗎？
眼力等級：9（答案見33頁）

試試你的眼力

牠
在哪裡？

毛毛蟲在哪裡？　眼力等級：5（答案見32頁）

下圖有幾隻成蟲，幾隻若蟲，看出來了嗎？　眼力等級：9（答案見35頁）

偽裝枯枝

　　某些身體修長的昆蟲，由於行動緩慢，必須將自己的體色與形態模仿成停棲處的枝條，才能躲過掠食者的眼光。把自己偽裝成枯枝，的確是不錯的想法。竹節蟲及一些蛾類幼蟲都是偽裝枯枝的箇中高手。

左下方那樹枝其實是隻停棲的尺蠖蛾幼蟲，斑駁的體表像是為了配合這樹幹而特別打造的外衣。

黃星鳳蝶的蛹吊掛在樹上，好像一截折斷的小樹枝。

黃星鳳蝶（*Chilasa epycides*）
鳳蝶科，展翅寬6~7cm，黑色並有許多白色條斑，外型很像姬小紋青斑蝶，但後翅肛角有黃色斑，幼蟲食草為樟樹。

如果不是因為牠太胖了，實在很難看出有隻尺蠖蛾幼蟲站在那裡。

停棲的枯葉蛾（Laciocampidae）幼蟲，將身上的長毛伏貼樹幹，也可以將自己龐大的軀體隱藏起來。

雜亂的枝條間常躲著不動的竹節蟲，圖中的右側，有隻頭部朝下的竹節蟲。

圖中左邊兩枝細竹桿交叉後，怎會變成了三枝？仔細看看，原來右側最上方那橫向的竹桿是隻竹節蟲。

猜猜看，誰躲在裡面

　　大自然中，昆蟲的體型算是嬌小，因此天敵的種類與數量也很多。為了活命，牠們無所不用其極。有些同翅目昆蟲行動緩慢，卻沒有很好的保護色，但依然可利用體內腺體分泌出泡沫或臘質，將自己包覆起來，或掛在身上，達到隱蔽效果。

紅紋小頭沫蟬的成蟲。

紅紋小頭沫蟬
（*Cosmoscarta uchidae*）

體長約1.5cm，體黑色有橙紅色條紋。是最常見的大型沫蟬，常出現在低海拔及平地林緣。

正在泡沫中羽化的紅紋小頭沫蟬。沫蟬的若蟲會從肛門分泌一種特別的液狀物，靠身體的蠕動產生許多泡沫，不但可維持體表的溼度，更可將自己隱藏起來。

白痣廣翅蠟蟬（左）與牠的若蟲（右）。若蟲會從腹部分泌許多捲鬚狀臘質，蓋住整個身體，看起來就像是掛在枝條上的殘渣。猜猜看，這兩隻若蟲的頭部是朝上還是向下？（答案是朝下）

白痣廣翅蠟蟬（*Ricanula sulimata*）

展翅寬約2.5～3cm，身體墨綠色，腹眼暗紅色，前翅前緣外1/3處有一白斑。棲息在低、中海拔山區。

青蛾蠟蟬的若蟲，不但將停棲的葉片和自己都沾滿白色臘質，腹端還掛著長條狀的絲狀物，整體看來一片零亂，頗有隱身效果。圖中兩隻成蟲間有一群若蟲，數數看有幾隻呢？（答案是16隻）

青蛾蠟蟬（*Geisha distinctissima*）

成蟲體長約1.2cm，淡綠色，前翅末端成直角狀，受干擾時先往側邊躲避，再被逼進就會彈飛離開。棲息在平地及低海拔山區。

就地取材的裝扮高手

　　偽裝的材料未必都要自己生產，就地取材也是好方法。有些掠食性昆蟲會利用停棲環境的材料來偽裝，或將進食過的食渣堆放在身體上來隱蔽自己。如此一來，不但能夠躲避天敵，也較容易捕獲獵物，真是一舉兩得。

在水裡，紅娘華張開大大的捕捉腳，就像拿著一把大鉗子靜候獵物接近，身上的淤泥使牠不易被發現。

大紅娘華（*Laccotrephes robustus*）

水棲昆蟲，以捕食弱小的水棲動物維生，體長可達5cm。身體黑褐色，呈長橢圓形，第一對腳特化成鐮刀狀的捕捉足。腹末有細長呼吸管。

蚜獅（Chrysopidae）

是草蛉的幼蟲，身體前方有一對內彎尖刺狀的口器，身體長滿長毛，常將吸食過的獵物殘渣掛在腹背上。成蟲淡綠色，飛行緩慢，將卵產在卵柄上，相當特別。

左上方一隻蚜獅全身掛滿了殘渣，只露出小小的頭部，讓獵物察覺不到牠的存在，因而順利捕食到一隻黑角翠蝽若蟲。

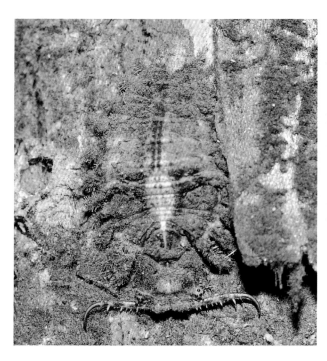

長角蛉幼蟲平貼在樹皮上，大顎外張，好像一付拉緊的獸夾靜待獵物上門。最妙的是，牠還會利用鄰近的青苔附著在身上，以增加偽裝的效果。

長角蛉（Ascalaphidae）

屬於脈翅目的長角蛉科。成蟲（見122頁下圖）酷似蜻蜓但有長長的棍棒狀觸角；幼蟲身體扁平，常以碎屑偽裝自己，停棲在樹幹上靜候獵物前來。

身上掛有枯葉的荊獵蝽若蟲，遊走在樹幹上搜尋獵物。

試試你的眼力

牠
在哪裡？

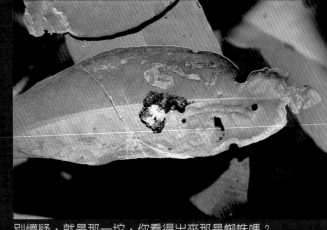

別懷疑，就是那一坨，你看得出來那是蜘蛛嗎？

眼力等級：9（答案見41頁）

眼力等級：5（答案見42頁）

蜘蛛也是偽君子

　　蜘蛛是絕佳的掠食者，依是否結網捕食，可分為結網蛛及不結網的狩獵蛛。蜘蛛雖然外型兇狠，但由於體型比昆蟲柔軟多汁，也是許多掠食者的獵物，為了生存也必須成為偽裝高手。對蜘蛛來說，好的偽裝，不但可以減少被捕食的機會，也是獵得食物的重要手段。

蜘蛛在哪裡，你發現了嗎？　眼力等級：7（答案見41頁）

不結網性蜘蛛的偽裝
埋伏型

　　依捕食行為，蜘蛛又可分為「埋伏型」與「追蹤型」兩類。埋伏型就像守株待兔，通常停駐定點，長時間不動，靜候獵物接近。這類蜘蛛常會停在和體色相近的環境，甚至部分種類能依不同環境改變體色。最妙的是，有一些蜘蛛，外型看起來就像鳥糞，不但引不起掠食者興趣，還可藉此捕食一些喜歡鳥糞而接近鳥糞的昆蟲。

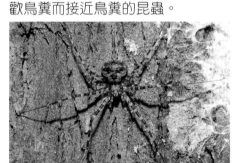
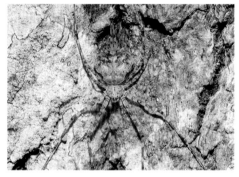

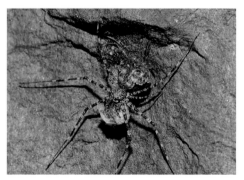

生活在樹幹或岩壁上的亞洲長疣蛛，身體扁平，腳細長且平貼表面，如此可減少影子的形成。牠還能伴隨不同棲處而改變體色，以減少被發現的危險。

亞洲長疣蛛（*Hersilia asiatica*）

體長0.8cm，腹部略呈五角形，後方較寬，腳細長。絲疣特長，向後伸出好像兩根尾巴。捕食時，背對獵物，自絲疣拉絲將獵物固定後，再就地進食。

白色的三角蟹蛛在冇骨消的花叢中
有很好的隱蔽效果，順利就捕獲了
訪花的蝴蝶。

三角蟹蛛（*Thomisus labefactus*）

雌蛛長1cm，雄蜘僅0.3cm，雌蛛有白色
及黃色兩型，雄蛛紅棕色。八眼聚集在
一隆起的深棕色三角形眼域區；腹部前
窄後寬，兩後側端各有一棕色斑。

在黃花上的三角蟹蛛，身體也隨之變成黃
色，因而能有效地捕獲獵物。圖中的三角
蟹蛛正逮捕到一隻小紋青斑蝶。

白腹蟹型疣突蛛故意將黑色的腳不對稱擺置，配
合著有疣突與雜斑的腹部，在昏暗的林子裡，看
起來像極了一堆鳥糞。

白腹蟹型疣突蛛（*Phrynarachne* sp.）

蟹蛛科。體長約0.8cm。頭胸部梨形黑色，前窄後寬。
腹部略呈四方形，白色，兩側後半有黑斑，前後各有
兩道凹槽，腹表有多顆隆凸，其中近中央一對隆凸最
大。腳黑色，前二對腳遠大於後二對腳，腿節膨大。

不結網性蜘蛛的偽裝
追蹤型

在沙堆裡的沙地豹蛛身體斑紋和沙子一模一樣，極不容易被發現。

沙地豹蛛（*Pardosa takahashii*）

狼蛛科。體長1cm，身體灰黑色，後中眼最大，第四對腳最長。腹部長橢圓形。母蛛產下卵囊後，以絲疣吊在身上到處走動。剛孵出的若蛛會攀爬在母蛛背上，生活一段時日。

　　遊走搜捕型的狩獵蛛，雖然有著良好的視力與矯健的身手，仍需要有好的偽裝來保命與捕食。會捕食其他蜘蛛的孔蛛，體色斑駁，腹部背面長有長短不一的毛簇，緩慢的步伐，移動時就像隨風滾動的殘渣。如此高明的偽裝及巧妙的步伐，讓牠成為極優越的獵捕手。

孔蛛（*Portia* sp.）

蠅虎科。體長0.9cm，前中眼特大，身體暗棕色，腹部有多束淡色長毛，觸肢每節長有白毛，看來好像一對瓶刷子。行動緩慢，有時入侵他種蜘網捕食網主。

正準備捕食日本姬蛛(左)的孔蛛(右)。38頁下圖為一隻頭部向下的孔蛛。

藏身草穗中的斜紋貓蛛，使疏於防備的豆娘淪為囊中物。

斜紋貓蛛（*Oxyopes sertatus*）

貓蛛科。晝行性的蜘蛛，雌蟲比雄蟲略大，體長約1cm，有良好的視力，常遊走在草叢及灌木葉上搜捕獵物，廣泛分佈在低海拔山區。

台灣綠貓蛛（*Peucetis formosensis*）

貓蛛科。雌蛛可長至2cm，雄蛛1.2cm。身體細長，頭胸部綠色，梨型，八眼聚集在前端，其中較大的六眼排成六邊形，腳細長多刺，腿節粉紅色，其他各節有黃色、黑色斑。腹部淡綠色，兩側各有一白色縱紋，前方中央有一粉紅色十字形斑紋。

台灣綠貓蛛藏身於綠葉間，體色和枝葉混成一團，不但具有良好的保護色，更利於捕食。

蜘蛛在哪裡？　眼力等級：7（答案見46頁）　　蜘蛛在哪裡？　眼力等級：8（答案見48頁）

蜘蛛在哪裡？　眼力等級：9（答案見48頁）

試試你的眼力

牠
在哪裡？

蜘蛛在哪裡？　眼力等級：9（答案見47頁）

斑駁的樹幹上，你發現蜘蛛了嗎？
眼力等級：8（答案見48頁）

蜘蛛把網織好了，卻躲了起來，你找得到嗎？
眼力等級：8（答案見47頁）

結網性蜘蛛的偽裝

結網性蜘蛛通常停留在網上或網旁，沒有好的視力也無法快速走動。除少數種類，例如一身警戒色的人面蜘蛛，可以大剌剌的整天掛在網上外，多數結網性蜘蛛也都需要靠偽裝來躲避天敵。因此，結網性蜘蛛的偽裝方式與策略，遠比不結網性蜘蛛來得多樣且富有變化。

44頁圖中，二角塵蛛將五個卵囊排成一列掛在網上，自己也停在最下方，就像另一個卵囊。掠食者的食譜中應該沒有這種形狀的食物吧！

二角塵蛛（*Cyclosa mulmeinensis*）

金蛛科。體長0.5cm，腹部圓球形，腹背前方有兩個黑色隆突，織圓形網，產下卵囊後成串掛在放射絲上。

塵蛛屬（*Cyclosa* spp.）的蜘蛛，會將吃過的食渣掛在網心旁，蜘蛛停駐網心時，就有很好的隱蔽效果。圖為八疣塵蛛，體長將近1cm，停棲在食渣上方，幾乎看不出來吧！

八疣塵蛛（*Cyclosa octotuberculata*）

金蛛科。雌蛛可長至1.4cm，雄蛛0.8cm，身體暗棕色，腹部長卵形，前方中央有一淡黃褐色斑。腹前方有二突起，後方有六突起排成二行。織圓形網，會將食物殘渣、塵埃及卵囊掛在網上。

前齒長腳蛛依著細長的樹枝織網,停棲在樹枝上的網心時,自身就被巧妙地隱藏起來。

前齒長腳蛛(*Tetragnatha praedonia*)

長腳蛛科。體長1.5cm。身體細長,頭胸部棕色;腹部圓柱形,淡褐色,上有葉脈一般的細紋。停棲時前二對腳前伸,第三對腳下抱,第四對腳後拉,在細枝上有極好的隱身效果。

黑尾曳尾蛛(*Arachnura melanura*)

金蛛科。體長1.6cm。腹部前方呈二分叉狀,愈往後方愈細,呈尾狀,末端有3個突起。體色由淡褐、黃至深棕色,變異頗大。織圓網,常將枯葉、食物殘渣及卵囊掛在網上。

黑尾曳尾蛛的外形就像一片有葉柄的枯葉,織網時在身旁加掛一片枯葉(如45頁上圖),就更能增加偽裝效果。

無鱗尖鼻蛛在夜裡張網捕食,清晨收網後就近停棲樹幹上。由側面看(如44頁右上圖)就像殘留的枝頭。

無鱗尖鼻蛛(*Poltys illepidus*)

金蛛科。體長1.2cm,腹背佈滿大小不一的突起,停棲草稈或枝頭時,就像枯枝的一部分。

在樹幹表面羅網的裂腹蛛,身體扁平,停在長滿白色苔蘚的樹幹上,極難被發現。

裂腹蛛(*Herennia ornatissima*)

金蛛科,雌蛛體長1.9cm,雄蛛4mm。雌蛛頭胸部梨形,前窄後寬,邊緣灰黑色,中央橙色;腹部大致呈橢圓形,邊緣呈大鋸齒狀,白色,有許多暗色細斑。將網平行織在離樹幹表面1~2公分處,網片直徑可大於1公尺,網心圓盤狀,為蜘蛛停棲處。雄蛛紅褐色,和雌蛛大不同。

東方長渦蛛停棲在細枝末端,像是延伸的枝條。

東方長渦蛛(*Miagrammopes orientalis*)

渦蛛科,體長1.2cm,身體棕色,呈紡錘形,腹末成截狀。第一對腳特別粗且長,近末端處長有長毛。其網系已簡化成單絲。停棲時前腳前伸,看起來好像掛在蛛絲上掉落的細樹枝,所以又稱「樹枝蜘蛛」(stick spiders)。

大腹鬼蛛躲在網旁的枯葉中,獵物與掠食者都不易看見牠。

大腹鬼蛛(*Araneus ventricosus*)

金蛛科。雌蛛可達3cm。腹部卵形,前方兩側各有一隆起,腹中央有一深棕色葉狀斑,前端常有小白斑。織圓網,蜘蛛常停棲在網旁的枯葉中。

黑綠鬼蛛在網旁用細絲將葉片微微捲起當住家。牠的腹部背面雖然色彩鮮明（如左圖），停棲時卻會聰明地將背面朝向葉片，把綠色的腹面向外，形成很好的保護色，下圖的黑綠鬼蛛正在吸食一隻蛾。

黑綠鬼蛛（*Araneus mitificus*）

金蛛科。體長0.9cm，頭胸部呈梯形，棕色；腹卵形，背面白色，前後方有大型黑色斑塊。腹面及腳綠色。織圓網，蜘蛛停棲在網旁的葉片上。

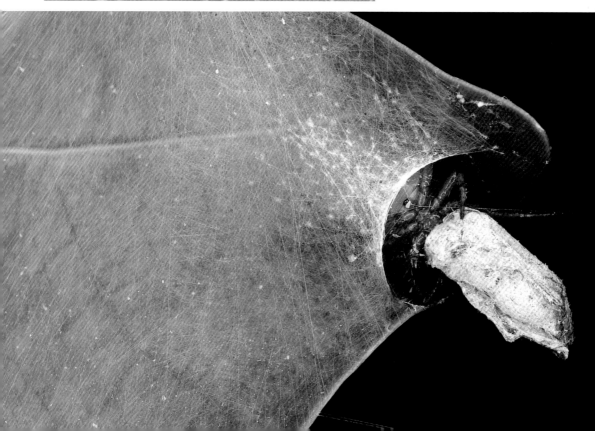

眾多沙球中隱藏著一隻螃蟹，你找得到牠嗎？　眼力等級：7（答案見52頁）

砂子、石頭都可能是螃蟹，找找看。　眼力等級：9（答案見55頁）

試 試 你 的 眼 力

牠
在哪裡？

你能破解這隻螃蟹的偽裝嗎，試試看。　眼力等級：9（答案見56頁）

螃蟹在哪裡？　眼力等級：9（答案見56頁）

螃蟹僞裝最難辨

螃蟹雖有「鐵甲武士」的雅號，然而看似堅固的甲殼，根本難擋鳥兒的強力一啄。生活在平坦沙灘上的螃蟹，將體色、斑紋演化成棲息環境的色彩，就可減少被獵食的危險。活動於礁岩的螃蟹，則將背甲長得像是不能吃的石頭，或是在身上「穿戴」一些身旁的藻類、海綿，僞裝效果堪稱神乎其技，令人嘆為觀止。

在平坦無遮蔽的沙灘上，雙扇股窗蟹隱身於覓食後留下的沙球中，也可騙過掠食者的眼睛。

雙扇股窗蟹（*Scopimera bitympana*）

背甲呈餃子形，體色爲不均勻的灰色，和沙子顏色極相似。大螯腕節內側邊緣爲金黃色，是辨識特徵。喜歡棲息在細沙灘上，漲潮時，躲入洞穴中，等退潮再出來覓食。

顆粒梭子蟹（*Portunus granulatus*）

背甲呈蘑菇形，並有許多細顆粒及疣狀突起，身體土黃色，雜以許多不規則斑，兩隻大螯左右對稱，喜歡棲息在粗砂質底層的潮間帶水域。

顆粒梭子蟹，體表滿佈疣突，不規則的斑紋將身體分割成形狀、大小不一的顆粒狀，在海邊的潮池中有很好的隱藏效果。

角眼沙蟹的幼蟹除了改變體色以配合棲地，遇
威脅時，還會短暫快速跑動，隨即又突然靜止
不動，搞得掠食者眼花撩亂，不知所措。

角眼沙蟹（*Ocypode ceratophthalmus*）
背甲呈方形，體色呈暗褐色，兩隻大螯左右不對
稱。雄性成蟹眼睛頂端具有一長條角狀突起，故名
「角眼」沙蟹。一般棲息在沙岸潮間帶高、低潮線
之間。

在不同顏色的海灘上，角眼沙蟹會隨環
境改變體表的顏色與斑紋。

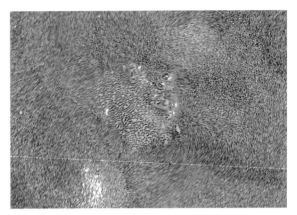

勝利黎明蟹（左上圖），背甲上的顏色與斑點，在
沙灘上有很好的偽裝。潛入沙中之後（上圖），除
了不易被掠食者發現，也可使牠避開獵物的視線，
順利獵捕到同樣躲在沙中覓食的比目魚（下圖）。

勝利黎明蟹（*Matuta victor*）

背甲呈心形，兩側各有一棘刺，身體底色為黃色、上面分
佈許多紫紅色小點。棲息在細沙灘的潮間帶，退潮時潛伏
沙中；漲潮時鑽出沙灘捕食。

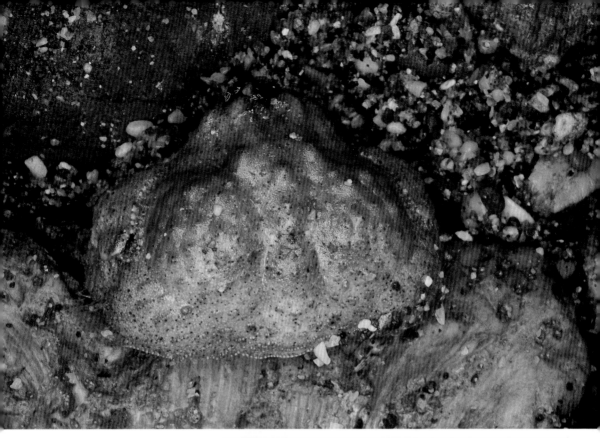

外觀像石頭的肝葉饅頭蟹（上
圖），除非將牠翻過來（下圖）
露出腳的構造，即使是近看，
還是很難令人相信，這顆「石
頭」是隻螃蟹！

肝葉饅頭蟹（*Calappa hepatica*）

背甲呈橢圓形，甲面有許多突
疣；大螯粗壯扁平，平時收縮於
背甲下方，不容易發現牠的螃蟹
外形。喜歡棲息在珊瑚礁潮間帶
沙質底層的水域。

帶刺併額蟹每次脫殼後，會抓些身邊的藻類「穿」在身上，當牠停棲礁岸時，實在很難被發現。

帶刺併額蟹（*Tiarinia cornigera*）

背甲呈梨形，甲面有許多短剛毛，可以勾住藻類以利偽裝，喜歡棲息在礁岩海岸潮間帶水域內的岩石周圍。

蝙蝠毛刺蟹（*Pilumnus vespertilio*）

背甲呈梨形，全身具有許多長短不一的剛毛，可以附著細沙，因此體色常呈灰褐色，和周圍的顏色極相似。喜歡棲息在珊瑚礁潮間帶的水域。

蝙蝠毛刺蟹之腹面觀。牠的背面長有許多毛狀物，停棲時，毛狀物隨潮水擺動，活像一叢海草。

鈍額曲毛蟹身上掛滿砂石、海綿（下圖），只有將牠翻過來（左圖），才露出螃蟹本色。

鈍額曲毛蟹（*Camposica retusa*）
背甲呈梨形，甲面及全身具有許多捲曲剛毛，可以附著藻類、細沙及海綿，以達到偽裝效果。棲息在淺水域的岩石或海藻附近。外觀很像蜘蛛，有人稱之為「蜘蛛蟹」。

圖中有幾隻青蛙？ 眼力等級：8（答案見59頁）

找找看，青蛙在哪裡？ 眼力等級：6（答案見60頁）

試試你的眼力

牠
在哪裡？

青蛙還會變體色

　　蛙類不但是埋伏型的掠食者，也是如蛇類等許多掠食者的重要美食。除了利用和環境相似的體色與斑紋來保護自己，許多蛙類，例如日本樹蛙、艾氏樹蛙及褐樹蛙，更可在不同環境中改變體色、斑紋。某些蛙類在四肢或身體上長有條斑，視覺上具有分割身體外觀的作用，使掠食者不易正確性地瞄準牠的完整體態。

　　又如莫氏樹蛙，牠的後腿內側及股間部為橘紅色，且有明顯黑斑，跳躍或游水時，會吸引掠食者的注意。然而，一旦停下靜止時，後腿緊靠腹部，醒目的橘紅色消失，翠綠色的體背立即隱身林間。這種瞬間展示的色彩變化（flash coloration），常造成掠食者的視覺錯亂，讓牠一時不知所措。

左頁上圖中有四對雌蛙背負著雄蛙的拉都希氏赤蛙，你都找到了嗎？拉都希氏赤蛙棕色的體背與深色側斑，在落葉中極不易被發現。

拉都希氏赤蛙（*Rana latouchii*）

體長約4～6cm，身體背部呈褐色，體側顏色較淡，且有黑斑，背部兩側有兩條粗大的褶狀突起，是重要特徵，因此又名「闊褶蛙」。常見於台灣本島平地、低海拔地區的淺水域。

日本樹蛙（*Buergeria japonicus*）

體長約2～4cm，體色會隨生活環境
而變化，常呈淡褐色、黃褐色或鉛灰
色，體表粗糙，體背肩胛處有一對倒
「八」字狀突起，為重要特徵。分佈
於台灣及琉球群島。雖有日本樹蛙之
名，但在日本本島卻沒有分佈。叫聲
「啾、啾」，高亢如蟲鳴。

日本樹蛙在不同環境會呈現不同體色。活動在碎石間
的日本樹蛙，看起來就像是一顆暗灰色的碎石，很難
被發現。

什麼是瞬間色

　　許多動物在靜止不動時有很好的隱蔽性體色，移動時卻會露出色彩鮮明的部位。常被使用的鮮明色彩有：紅、黃、橘、黑、白等色。牠們利用這種短時間顯示的色彩來驚嚇、阻嚇或迷惑掠食者，為自己爭取有利的逃命時空。例如：撫育雛鳥的母鳥在離巢時若顯示了瞬間色（flash coloration），可很容易將掠食者的眼光帶離鳥巢，使仍有隱蔽體色的雛鳥不受攻擊。

　　瞬間色雖使用了警戒色彩，但卻有別於警戒色。瞬間色的使用畢竟只是於短時間內虛張聲勢，迷惑掠食者，以爭取逃命時間。而警戒色則是隨時顯示，在於警告掠食者「不要吃我，否則你會嚐到苦頭」。

莫氏樹蛙後腿內側與股間呈鮮紅色，並有許多黑斑，當跳離掠食者時便彰顯出來，一旦落地迅即隱藏在綠色後腿下。這種體色瞬間的顯現與消失，易使掠食者視覺錯亂，造成困擾，為莫氏樹蛙爭取逃命的時間。

莫氏樹蛙（*Rhacophorus moltrechti*）
體長約4～6cm，台灣特有種，身體綠色；後腿在內側呈橘紅色，並有黑色斑點分佈，是重要特徵。在台灣本島低、中、高海拔均可發現牠的蹤跡，是台灣分佈最廣的樹蛙。

因應不同環境，而產生不同體色的艾氏樹蛙。

艾氏樹蛙（*Chirixalus eiffingeri*）

體長約3～5cm，體色也會隨環境而改變，從褐色到綠色
都有，變化很大。體背有「X」或「H」型的深色斑紋，
全身呈粗糙狀，四肢外側的白色點狀突起是重要特徵。
僅分佈在台灣及琉球群島。

褐樹蛙（*Buergeria robusta*）

雌蛙體長約6～7cm，雄蛙體長只有4～5cm，台灣特有種。兩眼之間到吻端呈現比體色淡的三角型斑紋，是重要特徵；皮膚光滑，但有許多小型突起，體色變化大。分佈於台灣低、中海拔沒有受污染的水域。是保育類蛙種。

褐樹蛙的體色、斑紋，也會因為棲息環境的不同而改變。

蛙類的體色與變色

　　蛙類的體色大部分由皮膚中的色素細胞（chromatophores）所產生的色素組成；少部分則來自細胞內含物反射日光所形成的結構色。

　　蛙類的色素細胞和許多脊椎動物一樣，形狀固定，且有許多外展的分枝呈星芒狀。色素細胞長在表皮下方的纖維組織（即真皮）中，藉著在細胞內色

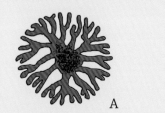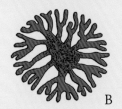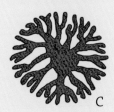

A　　　　　　　　B　　　　　　　　C

爬蟲類、兩棲類、魚類及大多數無脊椎動物，牠們的色素細胞有許多外展的分枝，並富含色素（B）。荷爾蒙或神經可控制色素在細胞中的移動，當色素聚集在細胞中心時（A），動物體色變淡。當色素均勻的分散到細胞各處時，動物體色變暗、變深（C）。

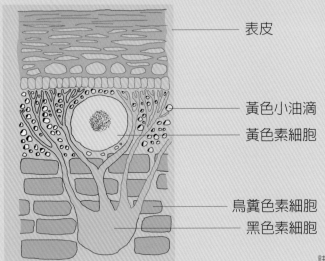

表皮

黃色小油滴

黃色素細胞

鳥糞色素細胞

黑色素細胞

蜥蜴皮膚切片示意圖，為簡化畫面，只將黑色素細胞之外展分枝畫出。色素細胞以黃色素細胞最靠近表皮；黑色素細胞位在較深層的真皮中，分布於上述兩種色素細胞之間的，則是一些不含色素，但富含鳥糞嘌呤結晶的鳥糞色素細胞。

註：此頁插圖參考（Farrant 1999）繪製

這隻停棲的褐樹蛙，原本呈灰褐色的身體（左圖），經過攝影者的追逐後，在短短幾分鐘內，體色開始變得深暗（右圖）。

素的移動，蛙類就可改變體色。當色素聚集細胞中心時，體色變淺（如左頁圖A）；當色素分散到外展的分枝時，體色就變深（如左頁圖C）。

依所含色素的顏色，色素細胞可分成黑色素細胞（melanophores）、黃色素細胞（xanthophores）及紅色素細胞（erythrophores）。其中，黃色素細胞最接近表皮，而分佈最深的黑色素細胞則在深層真皮中（見左頁下圖）。這些色素細胞組合出黃、紅、褐、黑等體色。

在黃色素細胞與黑色素細胞之間，還分佈有許多不含色素的鳥糞色素細胞（guanophores）。鳥糞色素細胞雖不含色素，卻含有許多大小不一的鳥糞嘌呤結晶（guanine）。在陽光下，較大的鳥糞嘌呤結晶會反射白光，於是，蛙類的皮膚有了白色。

比較特別的是日光照到較小的鳥糞嘌呤結晶時，會造成散射（scattering），而產生藍光，蛙類並無綠色細胞，也不產生綠色素。許多綠色樹蛙，像莫氏樹蛙，體背的翠綠色，其實是鳥糞色素細胞把日光散射成藍光，再透過較表層的黃色素細胞所合成（綠色的蛇類與蜥蜴的成色原理也是如此）。綠色樹蛙的綠背中，若有藍色或白色的小斑點，便是該處少了黃色素細胞，而黃色斑點則是少了藍光散射的結果。

澤蛙身上及四肢有許多深色條斑，有些個體體背中央有條淺色縱線，在視覺上有助於分割身體外觀，使掠食者不易看出完整體態。

澤蛙（*Rana limnocharis*）

中型蛙類，體背有許多長短不一的棒狀突起，上、下唇有深色的縱紋，是重要特徵。有些個體有一條金黃色的背中線，沒有背中線個體者在兩眼間有深色「V」字型橫斑。本島低海拔地區均有分佈，但對多種農藥較爲敏感。

棕色體背及深色條斑，使生活於枯葉堆中的黑蒙西氏小雨蛙有很好的保護色。黑色的體側使前腳好像和身體分離，並於前方包住眼域，巧妙地分割了蛙類原有的體態，也隱藏了明亮的眼睛。配合較暗的地表，黑色的體側更使黑蒙西氏小雨蛙看來較扁平，也較不醒目。

黑蒙西氏小雨蛙（*Microhyla heymousi*）

體長約2～3cm，體型三角形，體色呈黃褐色，兩邊體側有黑色帶，體背有黃色背中線，背中線中央有一「（ ）」狀黑色斑，爲重要特徵，故又名「小弧斑姬蛙」。台灣僅分佈於中南部及東南部，爲保育類蛙種。

中國樹蟾有綠色的體背及灰褐色的腹面，當停棲於部分枯萎的葉片上，就出現很好的偽裝效果。由吻端到前腳前方的黑色條斑，將最容易被掠食者發現的眼睛變得不明顯。

中國樹蟾（*Hyla chinensis*）

體長約3～4cm，體色呈綠色到黃綠色，從吻端到鼓膜有一黑色過眼斑，是重要特徵。牠的外型極似樹蛙，卻被分類爲「蟾」，是因爲骨骼構造和蟾蜍科一樣，故叫「樹蟾」。

綠葉中躲著一隻鳥，你看見了嗎？　眼力等級：5（答案見70頁）

找找看，鳥在哪裡？　眼力等級：6（答案見70頁）

試試你的眼力

牠
在哪裡？

鳥類也有隱身術

　　一些小型鳥類或羽翼未豐的幼鳥，逃命的速度遠不如猛禽或其他掠食者，只好藉由保護色，利用自身色彩與斑紋，甚至改變身體的動作，巧妙融入背景環境，隱身其間，才能靜靜熬過危機。

即使是很有經驗的觀鳥人，發現栗小鷺時，多半見牠呈引頸不動之姿。因為牠早就看到你了！

栗小鷺（*Ixobrychus cinnamomeus*）

體長約40cm，普遍的留鳥，雄鳥背部栗紅色，雌鳥顏色則較淡，棲息在沼澤、池塘周邊，清晨或傍晚較可見到牠覓食的蹤跡。休息或等待獵物時，會伸直脖子，嘴朝天空，以達到很好的偽裝。

這隻東方環頸鴴，將卵產於礫石地上，牠一身灰褐色的羽斑，在砂礫地上有極佳的偽裝效果。

東方環頸鴴

（*Charadrius alexandrinus*）

體長約18cm，普遍的冬候鳥，但少數成為留鳥。腳黑色，胸前的灰黑色頸環不相連。喜歡停留在海濱、河口之泥灘地，飛行時發出「吱吱吱……」的細碎聲，卵呈灰褐色，並有黑色雜斑。

東方環頸鴴築巢於裸露石礫地的淺凹處，蛋外觀灰褐色，密佈深色斑點，和周遭環境一致，有極佳的隱藏效果。

鳴叫中的五色鳥，體型雖不小，一旦藏身綠葉中，卻不易被看到。

五色鳥（*Megalaima oorti*）

體長約20cm，常見的留鳥，身上有黑、紅、黃、藍、綠五種顏色。喜歡在枯樹幹築巢，若見枯樹幹上有直徑約10cm的圓洞，大多是五色鳥的傑作。雜食性，叫聲「嘓、嘓、嘓……」，有如和尚敲木魚的聲音。

這隻彩鷸雄鳥，羽毛上暗棕色的斑紋及枯黃色的條紋，在田野中有極佳的偽裝效果，使牠可大膽地在裸露的地表抱卵。

彩鷸（*Rostratula benghalensis*）

體長約25cm，常見的留鳥。警覺性高，不容易看見，喜棲息在廢耕水田，干擾少之河畔、池塘。雌鳥只負責產卵不孵蛋，孵蛋及育雛由雄鳥負責，是少數雌鳥比雄鳥鮮艷的鳥類之一。

水雉幼鳥藉著身上的雜斑，隱藏在草澤地上覓食。

水雉（*Hydrophasianus chirurgus*）

體長約52cm，台灣稀有留鳥。夏羽的羽色鮮艷，全身黑褐色，頸前部及臉部白色，頸後部金黃色，尾羽甚長，極為艷麗，喜歡生活在干擾少的菱角田，有「凌波仙子」的美名。

高翹鴴築巢在廣闊的鹽田地上，當蹲下護卵時，很難瞧出有隻鳥蹲在地上。

高蹺鴴
（*Himantopus himantopus*）

體長約32cm，普遍的冬候鳥，雄鳥背部呈暗綠色並具有光澤，雌鳥背部顏色較淡且沒有光澤。活動於海岸附近的沼澤、河口、魚塭，喜歡在廢棄鹽田附近產卵，卵呈橄欖綠並佈有黑色雜斑，雄、雌鳥會輪流護卵，以免被太陽曬傷。

高翹鴴產卵於鹽田瓦片上，蛋的外觀橄欖綠色，密佈暗色斑點，類似礫石，在瓦礫中有極佳的偽裝效果；幼鳥（下圖）也藉著保護色，在沼澤地上覓食。

每年夏天從南方飛抵台灣，並在台灣繁殖的燕鴴，將卵產於廣闊的旱地淺凹處，當牠蹲入巢中，很難瞧出有隻鳥正在孵蛋！

燕鴴（*Glareola maldivarum*）

體長約24cm，在台灣爲不常見的夏候鳥。背部灰褐色，胸部黃褐色，有一黑色弧形斑由眼部延伸到喉部。常成群棲息在開闊草原或廢耕農地。

龜殼花的狩獵偽裝

龜殼花經常活動在充滿枯葉的林床，為了能騙過獵物的眼力，以達到捕食的目的，身上的斑紋和背景極為相似，也是一種狩獵者的偽裝。

龜殼花（*Trimeresurus mucrosquamatus*）

台灣六大毒蛇之一，頸細，頭部碩大，呈明顯的三角型，體背為黃褐色或棕褐色，並有不規則狀黑色斑塊。主要於夜間活動，以鼠類、鳥類、兩棲類為主要食物。常停棲在廢棄屋或廢物堆中。分佈於中、低海拔地區的農地、樹林及溪流邊。

台灣夜鷹（*Caprimulgus affinis*）

體長約25cm，在台灣為稀有的留鳥。全身褐灰色，並佈有許多黃、黑色雜斑，與棲息的環境如溪畔石子地、農地等極為相似。白天蟄息，黃昏及夜間出來捕食，以昆蟲為主食。

停棲地表的台灣夜鷹，憑著羽色與姿態，即便在大白天，也可隱身於地表，輕易躲過掠食者的耳目。

窩在巢中的番鵑雛鳥，活像
兩棵長毛的黑色薑類，頗有
偽裝效果。不過當巢口有動
靜，便以為母鳥回巢餵食，
隨即張口索食。

番鵑（*Centropus bengalensis*）

體長約39cm，是平地常見的留
鳥。身體黑褐色且有光澤，翅
膀及背部栗黃色。喜歡活動於
平地空曠地帶。隱密性高，怕
干擾，常築巢於草叢或甘蔗園
中，若沒有飛起，很難發現牠
的身影。

與人類最親近的白頭翁，也將巢築
於有保護色效果的樹叢中，如此便
可專注餵食幼鳥。

白頭翁（*Pycnonotus sinensis*）

體長約20cm，是常見的留鳥。臉及頭
部黑色，頭頂有一白斑，背部及尾羽
黃綠色、胸部灰色、腹部白色。常成群
飛行，叫聲吵雜，喜歡藏身在樹上葉叢
中，享食果實。

在山桐子樹上吃果實的赤腹鶇，一發現有外來威脅時，會將頭部轉向來自威脅的方向，此時頭部和身上的斑紋與山桐子的樹枝幾乎一致，讓天敵不容易發現牠的存在。

赤腹鶇（*Turdus chrysolaus*）

體長約22 cm，常見的過境鳥。自前胸至腹部兩側為赤褐色。秋末季節常出現在中低海拔樹林中，喜歡活動於林木底層。

喜好高站枝端靜候獵物的紅尾伯
勞（上圖），一發現有大冠鷲，旋
即改變站姿，使自己看來像枯枝
的一部分（下圖），但眼睛卻一直
瞪著那可怕的天敵。

紅尾伯勞（*Lanius critatus*）

體長約18cm，是台灣常見的冬候
鳥，背部大致爲紅褐色，以昆蟲、兩
棲、爬行類、小型動物爲食，喜歡停
棲於視野好的突起枝條、石塊，伺機
捕食。

停棲於枯草地表的雲雀，藉著灰褐的羽色，若不轉頭過來，很難瞧見有隻鳥站在那裡。

雲雀（*Alauda gulgula*）

體長約15cm，常見的留鳥。體色有如乾草，頭部羽毛較長，豎起時呈冠羽狀。喜歡棲息在平地草原或開闊地。可以振翅停留於半空中，定點鳴叫許久，聲音傳遍草原，因此，有人稱牠為「半天鳥」。

利用苔蘚築巢於藤蔓上的紅尾鶲，蹲坐巢中，很難瞧出牠正在孵蛋呢。

紅尾鶲（*Muscicapa ferruginea*）

體長約12公分，常見的留鳥。頭部鼠灰色，背部灰褐色，翅色較暗，胸部至尾羽栗黃色，分佈在中、高海拔森林。常停棲在小枝頭上，當有昆蟲飛起，即飛入空中捕食，捕捉到食物後，常飛回原枝頭食用，之後再等待下一次的捕食。

利用苔蘚築巢在岩壁上的小剪尾，
若不趁母鳥回巢餵食，在幼鳥探頭
張口索食的當兒觀看，很難相信那
是一個鳥巢。

小剪尾（*Enicurus souleri*）

體長約12cm，在台灣是不很常見的留
鳥，全身黑色為底，頭頂前端及腹部、
腰、尾上覆羽為白色。分佈在中、低海
拔的溪澗，以水棲昆蟲為主食。常築巢
於可遮風、避雨的岩石凹入處。

彩鷸的偽裝

彩鷸的卵就產在休耕農田；卵的外觀、顏色與鳥巢的顏色一致，而鳥巢也是就地取材，與背景幾乎一模一樣，令天敵很難發現蛋及巢的位置。

負責孵蛋的雄彩鷸顏色並不鮮
艷，幾乎和巢材的乾稻草一樣；
當牠回巢孵蛋時，會偷偷摸摸地
東張西望一段時間後，再悄悄地
蹲上巢。離開時，也是小心翼
翼，悄悄地迂迴離開巢位，以免
暴露巢及蛋的位置。

當雄彩鷸發現巢位的隱蔽性不夠時,會把周圍的稻草咬下來以增加巢位的偽裝。

彩鷸遭受天敵威脅時之行為偽裝

天敵

起飛

向天敵方向快速移動

緩慢迂迴移動

起飛

沒有天敵威脅時，彩鷸離巢的方式

動物不但有形狀、體色上的偽裝，也有行為上的偽裝，使天敵誤判獵物的正確位置。當孵蛋的雄彩鷸發現有天敵接近時，牠不會就地起飛，而是迅速地向天敵來的方向移動，然後在天敵面前起飛，以引開天敵的注意，並轉移天敵遠離巢位的方向。

有時雌彩鷸會回到巢位巡視，這時牠也是悄悄地在巢位旁做觀察，因為牠的顏色較鮮艷醒目，多半不久留；雌彩鷸產卵時也是產完卵就迅速離開，以免被天敵發現。

第二章

擬態

用心良苦的模仿

這是誰的眼睛？　眼力等級：8（答案見93頁）

這是誰的頭？　眼力等級：7（答案見96頁）

這是甚麼動物？　眼力等級：9（答案見96頁）

花叢裡是誰戴了彩色眼鏡？　眼力等級：8（答案見94頁）

試試你的眼力

牠
在哪裡？

近年來，常可看到藝人模仿一些名人的電視節目。這些藝人竭盡所能地將外型、動作及語態模擬得惟妙惟肖，以取悅觀眾。在自然界裡，也有許多像這些藝人的動物，牠們將外型或動作模仿成他種動物，這種現象被稱作擬態（mimicry）。

和藝人不同的是，動物的擬態用意不在取悅他人，而是藉擬態使掠食者不喜歡或不敢吃牠，以減少被獵殺的危險。因此，被模仿的對象（model）通常是兇猛、難吃或有毒的物種。

「擬態」與「偽裝」常被混用，「擬態」一詞更常被誤用。擬態是指不同種的生物，以假冒的身體外型、顏色與斑紋，警告可能的掠食者：「我是兇猛的、難捕捉的，不好吃的或有毒的，不要對我動腦筋！」

「偽裝」則像上一章所舉的例子，動物以顏色、斑紋或舉止，使自己好像是棲息環境的一部分，讓獵物或掠食者不易發現。因此，「竹節蟲擬態成樹枝狀」的敘述是錯的，正確的

星點多斜紋天蛾幼蟲受威脅時，會將頭部下彎，讓前胸上的大眼斑顯示出來，讓自己看起來好像是鳥類最怕的蛇。

星點多斜紋天蛾
（*Theretra latreillei lucasii*）
成蛾綠棕色，前翅有多條平行的暗棕色斜紋。幼蟲食草為烏歛莓。

說法是「竹節蟲偽裝成樹枝狀」。

　　擬態要有效果，一定要使掠食者在過去的捕食過程中嚐到苦頭，譬如遭到被模仿者兇狠地反抗，或吃了被模仿者後產生痛苦，但仍不致死的體驗。

水蠟蛾醒目的眼斑，加上波浪狀黑條紋，在昏暗的林下面孔猙獰，讓人看了都有點怕，其他掠食者應該也會避而遠之。

水蠟蛾（*Brahmaea wallichii*）

水蠟蛾科的大型蛾類，展翅可達 15 cm，傳聞中的「阿里山神蝶」指的就是牠。前後翅密佈籮筐狀的紋路，前翅中央近後緣有枯球紋，枯球紋中央有數個黑點。幼蟲以木樨科的植物葉片為食。

黑樹蔭蝶在枯葉堆中不但有好的保護色，翅緣還有一些小眼斑，真正的複眼反而不明顯。萬一被發現，可誘使鳥兒啄食較不致命的翅緣。

黑樹蔭蝶（*Melanitis phedima*）
蛺蝶科蝶類，幼蟲以禾本科的白毛、大蜀、颱風草為食草，成蟲展翅寬約6~7cm，喜好吸食腐果、樹液。

恆春小灰蝶的翅端有假頭構造，由後方看（如91頁下圖）有很明顯的眼斑，配合觸角般的尾突，容易引導掠食者啄食假頭。

恆春小灰蝶（*Daudorix epijarbas*）
成蝶展翅3~4 cm。翅的腹面淡褐色，有兩對平行的白色細紋。後翅末端有假眼紋，眼紋旁還長有長尾突。幼蟲吃龍眼果實。

唬人的假頭假眼

　　許多蝴蝶或蛾的翅膀都有眼斑，大型眼斑乍看之下有如蛇或貓頭鷹等動物的眼睛，一般被認為這樣對掠食者有阻嚇的效果。而小眼斑則能擾亂視覺，誤導鳥類等掠食者以為那是獵物的頭部，而去啄食翅緣上的眼斑，以爭取脫逃機會。有些小灰蝶的後翅末端不但有眼斑，還長有細長的尾突。停棲時，上下交互擺動後翅，看來就像是活動中的觸角。這種惟妙惟肖的假頭構造，目的仍是為了讓掠食者誤以為翅端為頭部，予以啄食，如此一來，小灰蝶就只損失部分的翅膀而不會因此喪命，這樣的逃命伎倆相當划算。所以囉，如果我們在野外看到後翅破損的小灰蝶，真應該恭喜牠曾經大難不死。

三星雙尾燕蝶鮮明的條斑，遠觀不但有打散身體完整輪廓的效果，近看這些條斑都指向翅端，可將掠食者的注意力引導至翅端的假頭，而錯過真正的頭部。

三星雙尾燕蝶
（*Spindasis syama*）

成蝶展翅約2.5～2.8cm，淡黃色的翅上有許多黑色條斑，後翅近基部有三個大小相近的黑斑，翅端有橙色斑，旁邊長有兩根長尾突。幼蟲生活在舉尾蟻巢中。

皇蛾是東南亞最大型的蛾類。前翅前端的形狀與斑紋好像蛇頭，不但可阻嚇一些怕蛇的動物，也可使掠食者的注意力遠離較重要的身體器官。

皇蛾（*Attacus atlas formosanus*）

雌蛾展翅可達25cm。紅褐色的翅上共有四個具黑邊的三角型透明區域。前翅前側方往外往後突出，近前緣有一黑色圓斑，加上一些紅棕色的橫紋，使此區看起來宛如蛇頭，又名「蛇頭蛾」。

端紅蝶的幼蟲在翠綠色的體背佈滿許多黑色短桿狀斑點，讓牠看起來就像蛇背的鱗片。體側白色與紅色的縱線，更使這隻毛毛蟲活像一隻縮小版的青竹絲。牠那黑得發亮的「眼睛」其實只是胸部突起的黑斑紋，真正的眼睛很小很小，約有4、5粒，位在更前端的頭部，需放大鏡才看得清楚。受干擾時這隻「小蛇」還會將身體前半部舉起搖擺，就差沒有蛇信可吐。

端紅蝶（*Hebomoia glaucippe*）

展翅可達9 cm，是台灣地區最大型的粉蝶。翅膀大致為白色，前翅翅端有橙色大斑紋。幼蟲食草為魚木。

鬼臉天蛾的翅膀有許多深色的雜亂斑紋，再加上胸部似骷髏頭的圖案，看來就有點恐怖，受干擾時還會一邊跳飛，一邊吱吱作響，相信可嚇跑不少掠食者。

鬼臉天蛾

（*Acherontia lachesis*）

展翅約12 cm。翅深黑褐色，有許多雜亂斑紋。腹部有藍黑色相間橫紋。胸部背面有一似骷髏頭的圖案，是本屬蛾類的特徵。

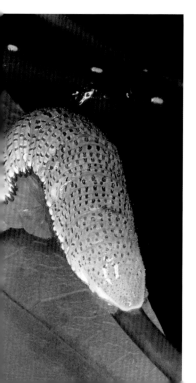

狐假虎威的——貝氏擬態

　　凡是自身擁有毒性或劣味等自衛能力的昆蟲，都以此「伎倆」來阻嚇掠食者。掠食者只要看到這些蟲子的外觀，就知道是「惡蟲」，不要去吃牠！就好像一個穿著黑帶道服的跆拳道選手，我們就知道此君武功高強，少惹他為妙。可是，一個沒有武功的人穿上黑帶道服，只要不知道他的底細，對這「冒牌者」，我們仍會畏懼三分。

　　在自然界中，也有許多類似的「冒牌者」，自己雖沒有具阻嚇性的「伎倆」，卻將外觀演化成「惡蟲」狀，希望騙過掠食者，這種「狐假虎威」的擬態現象，最早由英國博物學者貝茲（Henry Bates）於1862年發現，所以稱之為「貝氏擬態」（Batesian mimicry），並將被模仿的「惡蟲」叫做「模型種（model）」，「冒牌者」為「擬態種（mimics）」。

右圖是義大利蜂，也就是一般常說的蜜蜂。每次在蜂群中看到這種食蚜蠅（左），都得多看一眼，等看到超短的觸角才敢確認是牠。雖然外型像蜜蜂，食蚜蠅並無螫刺，以如此外型混跡在蜂群中訪花，有些天敵就不敢惹牠。

食蚜蠅（*Eristalis* sp.）

體長約1cm，複眼紅褐色，全身黃色，腹部有黑色橫斑，身體光滑，乍看之下和蜜蜂很相似，但蜜蜂身體佈有許多細毛。食蚜蠅類的身體外觀都和蜂類很像，是一種很好的貝氏擬態。

大自然裡，貝氏擬態相當常見，舉凡兇猛的蜜蜂、胡蜂、螞蟻、螳螂，有毒的鳳蝶、斑蝶及可愛但難吃的瓢蟲，都容易變成冒牌者的模型種。這使得自然觀察充滿著驚奇與趣味。

這是因為胡蜂有刺針，攻擊性又很強，對許多動物而言，是不好惹的昆蟲；其他如蜜蜂、螞蟻也算不是好惹的昆蟲；至於有些斑蝶、瓢蟲又有著許多鳥類厭惡

這隻大蟻蛛（上圖）和牠擬態的黑棘蟻（下圖）是同時發現的。大蟻蛛的體色、體型不但和黑棘蟻相似，而且會將第一對腳向前、向上擺動，就像螞蟻揮舞觸角。兩者最大的不同是，黑棘蟻成群結隊，大蟻蛛則是單獨行動。

大蟻蛛（*Myrmarachne magnus*）

蠅虎科，體長1 cm。黑色，頭胸部之前半部比後半部隆起，呈隘收狀；腹部長卵形，腹背前1/3有淡色毛組成的橫帶，第一對腳常往前向上舉起，好像觸角，全體看起來很像螞蟻。

黑棘蟻（*Polyrhachis dives*）

體長約1 cm，全身黑色，胸部背面有棘刺，常常可以發現築巢在野外枯枝、石頭縫中，受驚擾或休息時，會將腹部往前收放於胸部下方，做出攻擊之勢或靜止不動。

的劣味，也能逃過被啄食的命運。牠們多以鮮豔的體色或特異的形狀警告啄食者，不要惹牠們。這種戰術既然會奏效，其他昆蟲若模仿此戰術，也可得到某一程度的自衛效果，此種假冒戰術就是「貝氏擬態」。

貝氏擬態要能有效的保護擬態種，必需使掠食者先侵犯了模型種，吃足苦頭，並記取教訓，不再對外觀類似的擬態種及模型種攻擊。因此，模型種的數量要遠比擬態種多，擬態種出現的季節要比模型種晚。而且，擬態種的棲息範圍必需在模型種的棲息範圍內或附近。這也是在野外可同時看到「惡蟲」和「冒牌者」的原因。

露螽（Phaneropterinae）

螽斯科（Tettigoniidae）露螽亞科，成蟲之後翅較前翅長，後翅末端在前翅端露出。多數樹棲，以樹葉或樹枝爲食。產卵時，和其他螽斯亞科將卵產於泥土不同，露螽常將卵兩兩成列的黏在樹枝，或插入葉緣。不少種的若蟲狀似螞蟻，本種可能是平背螽屬（*Isopsera sp.*）或糙頸螽屬（*Ruidocollaris sp.*）的若蟲。

這隻有點奇怪的「小螞蟻」，近看時，由其超長的觸鬚及粗壯的後大腿，才稍稍露出螽斯的本色。當驚覺騙術被拆穿，牠就立即彈跳無蹤。

點蜂緣蝽（*Riptortus pedestris*）

成蟲體長約1.8 cm，成蟲全身褐色，胸部側方有白色斑點，觸角呈節枝狀，共四節。若蟲外觀與螞蟻極相似，觸角呈四節，不同於螞蟻的曲膝狀觸角。

條蜂緣蝽（*Riptortus linearis*）

成蟲體長1.2 cm，全身褐色，胸部側方有白色條紋斑，觸角有四節，若蟲也和螞蟻的外觀相似。觸角是辨識的特徵。

不會飛、又跑不快的點蜂緣蝽（上圖）及條蜂緣蝽若蟲（下圖），都化身成惡名昭彰的螞蟻狀，成為最好的護身符。

黃腰胡蜂（*Vespa affinis*）

體長約3 cm，全身黑褐色，腹部前半段鮮黃色。喜歡在住家屋簷築巢，性情不很兇猛，但受干擾時也會主動攻擊，造成傷害。

黃腰胡蜂（上圖）身體修長，上有黃、黑、褐色橫斑，停棲時，翅向外向後斜張，常成為蜂虻（下圖）、透翅蛾（右頁上圖）、及鹿子蛾（右頁下圖）的擬態對象。

蜂虻（Bombyliidae）

蜂虻科的成員身體佈滿許多毛，體型圓胖，有些種類具有長吻，但不叮人，喜歡停棲於花朵或空曠地。雌性成蟲以花粉和花蜜爲食，幼蟲寄生在其他昆蟲身上。

透翅蛾（Sesiidae）

此科為畫行性蛾類，體色和蜂類很相似，翅膀沒有鱗片；雌、雄外觀差異極大，幼蟲居住在植物的根、莖或葉柄上。

黃腹鹿子蛾（*Amata perixanthia*）

展翅約3 cm，畫行性蛾類，翅有許多透明的區塊，腹部黃色，並有各種不同的黑色橫紋。有許多近似種，外觀有點像蜂類，但觸角較長，可供辨識。

螳螂（上圖）也是種兇猛的昆蟲，螳蛉（下圖）也長有一對前腳像螳螂的捕捉腳，但螳蛉不能算是貝氏擬態種之一，因為牠也具有捕食性。

螳螂（Mantidae）

螳螂是中至大型昆蟲，全世界將近2000種，牠們的頭部呈三角形且能活動自如。前足的脛節和腿節長有利刺，脛節呈鐮刀狀，常向腿節折疊，形成可以捕捉獵物的前足。

螳蛉 (Mantispidae)

螳蛉科的昆蟲分佈在熱帶和亞熱帶區。成蟲外表像螳螂，但從翅就能區別：螳蛉的翅為透明的屋脊狀，螳螂則平貼腹部。

小十三星瓢蟲（*Harmonia dimidiata*）

體長0.6～0.9 cm，體背為橙黃色至橙紅色，共有13個黑色圓斑。

對馬瓢蛛（*Paraplectana tsushimensis*）

金蛛科。體長1 cm，全體成橘紅色，腹部圓頂狀，背上有16個黑斑，但由上方看只能看到12個，外形很像小十三星瓢蟲，喜歡在日照充足的植株上張網。若沒數一數牠的八隻腳，或看見絲網，常會誤以為牠是瓢蟲。

瓢蟲被攻擊時會從腳關節分泌一種味道又苦又怪的黃色液體，掠食者吃過「苦頭」，便不願再嚐。因此，瓢蟲常以紅、白、黑等明顯的體色或斑紋來警示。對馬瓢蛛（上圖）膽敢醒目地在陽光下活動，該是穿了一件像小十三星瓢蟲（左圖）的外衣所致吧！

玉帶鳳蝶（*Papilio polytes*）

成蟲展翅約9 cm，幼蟲以芸香科植物為食草，身體無毒。雄蝶後翅有一白色帶狀斑，故名「玉帶鳳蝶」；雌蝶有兩種外觀，其中一種和雄蝶外觀相似，僅在後翅臀角邊緣多了一個紅色斑，另外一種，後翅後緣有許多弧形分佈的紅色斑，外觀極似紅紋鳳蝶，但腹部黑色，和紅紋鳳蝶腹部的紅色不同。

紅紋鳳蝶（*Pachliopta aristolochiae*）

成蟲身體展翅約9 cm，幼蟲以馬兜鈴為食草，並把幼蟲期取食馬兜鈴的劣味成份儲藏至成蟲期，可以避免被捕食。後翅的白斑細分成四小塊，後翅後緣有紅色弧狀分佈的斑塊，腹部呈紅色具黑色斑。

一對在花間飛舞的玉帶鳳蝶（下圖），其雌蝶有兩型，一型形似圖左之雄蝶；另一型如圖右的雌蝶則擬態成有毒的紅紋鳳蝶。擬態的玉帶鳳蝶雌蝶（上圖左）像極了紅紋鳳蝶（上圖右）；但在掠食者較不易看到的腹部，玉帶鳳蝶為黑色有白斑（右頁上圖），紅紋鳳蝶則為紅色（右頁下圖），有明顯不同。

玉帶鳳蝶

紅紋鳳蝶

雌紅紫蛺蝶（*Hypolimnas misippus*）

成蟲展翅約7 cm，雌、雄蝶外觀極不同，雄蝶背面藍黑色，每邊有三個大小不同的白斑，腹面黃橙褐色，也有三個白斑，但後翅的白斑呈片狀。雌蝶背面橙色，前翅外緣有黑色塊雜以白色斑，腹面也呈橙色，外觀極似黑脈樺斑蝶，但牠的黑色脈較細且不明顯。也像樺斑蝶，但樺斑蝶後翅有三到四個黑斑，而雌紅紫蛺蝶的雌蟲後翅僅有兩個黑斑。

樺斑蝶（*Danaus chrysippus*）

成蟲展翅約6 cm，幼蟲的食草爲蘿藦科的馬利筋，因此體內具劣味成份，掠食者不喜歡捕食。全身橙黃色底，前翅端黑色，佈有白色斑點，後翅則有黑色斑（雄蝶有四個黑色斑，雌蝶有三個黑色斑）。

雌紅紫蛺蝶的雄蝶（左頁上圖）與雌蝶（左頁下圖）明顯不同。雌蝶乃擬態有劣味的樺斑蝶（下圖）。這些雌雄外觀不同的蝶種，雌蝶常有貝氏擬態的現象，如此雌蝶在產卵時，可得到更好的防護效果。

青蛇（*Cyclophiops major*）

黃頷蛇科。最大體長可達130 cm。體背翠綠，沒有斑紋。腹面為均勻的黃綠色。頭橢圓形，瞳孔圓形。以蚯蚓或一些昆蟲的幼蟲為食。分佈在台灣全島500公尺以下較陰濕的樹林內。

赤尾青竹絲

（*Trimeresurus stejnegeri stejnegeri*）

蝮蛇科。最大體長90 cm。體背翠綠，腹面黃綠色。頭呈三角形，瞳孔垂直。多數雌蛇在體側有一白色細縱線；多數雄蛇在此白色細縱線下方，還有一紅色細縱線。但也有無側線的個體。以蛙類、蜥蜴為主食。分佈在1500公尺以下之荒野。

無毒的青蛇（上圖），酷似有毒的赤尾青竹絲（下圖），因而常被誤認為有毒，可阻止一些掠食者的攻擊。

白梅花蛇（*Lycodon ruhstrati*）

體長可達110cm，身體黑白環紋相間，像似雨傘節，但從身體後部碎裂的花紋，就可做為辨別的依據。常出現在林地底層，以蜥蜴及昆蟲為食，性情溫和。

無毒的白梅花蛇（左圖），長得像含劇毒的雨傘節（下圖），在野外或許有某些擬態的好處，但也容易被誤認為雨傘節而惹來殺身之禍。

雨傘節（*Bungarus multicinctus multicinctus*）

蝙蝠蛇科。最大體長180 cm。全身具黑白相間的環紋，但白色環紋遠比黑色環紋窄。以蛙類、蜥蜴、魚類、鼠類為食，也捕食他種蛇類或蛇卵。分佈在全島500公尺以下的低海拔地區。

擺明不好惹的──穆氏擬態

蜜蜂是很常見的昆蟲，人們從牙牙學語的時候就知道有蜜蜂。如果曾經被蜜蜂螫過，那種痛苦的體驗，會使許多人再看到這些黃黑條紋相間的飛蟲，便迅速後退，同時很恐懼地喊叫：「蜜蜂！蜜蜂！」其實，被叫作「蜜蜂」的蟲子不只一種，甚至許多根本不是蜜蜂。只因為這類昆蟲有類似的斑紋、體色，又都有螫刺侵犯者的能力，使得掠食者一看到像蜜蜂的蟲子，便敬而遠之。

蜂農馴養的蜜蜂又叫義大利蜂，是為了採收蜂蜜的蜜蜂。圖中央，腹部較長者為蜂后。

蜜蜂 (Apis mellifera)
外來引進的馴化蜂，頭、胸部有黃褐色絨毛，腹部各體節呈黃色並有黑色小橫斑，整體顏色較中國蜂鮮黃，產蜜量較多，被引進大量飼養，以採收花粉及蜂蜜供應市場。

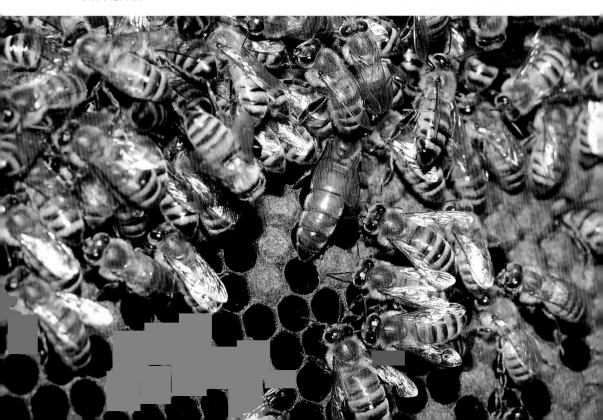

中國蜂的外型很像義大利蜂，只是腹部黑色橫斑較明顯，是台灣的野生種蜜蜂。

中國蜂（*Apis cerana*）

台灣野生的蜜蜂。頭、胸部有黃黑色絨毛，腹部各體節灰黑色，整體看起來全身顏色較義大利蜂暗。牠的產蜜量較少，蜜質較濃郁，不易大量飼養。

　　每到冬天，台灣南部某些溫暖的山谷，會聚集數以萬計外型相似、黑白相間的青斑蝶與紫斑蝶，如果仔細區分，大概有10種之多。在食物取得不易的冬天，卻不見掠食者（如鳥類）來獵食。原因是這些蝴蝶含有毒，「菜鳥」只要嚐過就會痛苦不堪，以後便知道這類外型相近的斑蝶類吃不得。

　　雖然貝氏擬態可發揮不少自衛效果，但如俗語所說的「團結就是力量」，若兩種以上具有毒或劣味的動物們，共同具有牠們特有的外觀形狀，捕食者對牠們的印象就會更為深刻，如此便可把自衛效果大幅提昇。如此具有自衛能力的動物再聯合起來，以互相擬態方式具備共通的外觀，這種現象再附上發現者Müller之名，就叫做穆氏擬態（Müllerian mimicry）。

以兇暴聞名的胡蜂及長腳蜂，都有黃體加黑色條紋或斑紋的共同外觀，因此凡是看到如此配色的動物，就會提高警覺。原本對大型動物並無攻擊性的蛛蜂、泥壺蜂，便以穆氏擬態的方式，利用了黃黑的配色。

在台灣蜂群攻擊性最強，螫人致死最多的黑腹虎頭蜂。

黑腹虎頭蜂（*Vespa basalis*）

體型約2~3 cm，頭、胸部黃褐色，腹部黑色。原住民在山區燒材後留下的碳塊，或山友登山留下的殘食，常可發現牠前來覓食，攻擊性強，須小心不要靠近巢位。

正在肢解蜘蛛的台灣蛛蜂。

台灣蛛蜂（*Salius fenestratus*）

體長約3 cm，觸角黃色修長，全身黃褐色雜以黑色斑，活動於低海拔山區。喜愛捕捉蜘蛛，將蜘蛛麻痺後置於洞穴內，再產卵於蜘蛛周圍，幼蟲孵化後即以蜘蛛為食物。

黃長腳蜂正在切割捕捉的毛毛蟲。

黃長腳蜂（*Polistes rothneyl*）

體長約2cm，體色大致呈金黃色，並佈有許多黑色條斑，會捕捉蝶、蛾的幼蟲，將之切割搓成肉塊後，帶回巢餵食幼蟲。

黃胸泥壺蜂（*Delta pyriforme*）

體長約2.5 cm，除了觸角、前胸、腹部末端黃色外，全身褐色，常活動於低海拔山區。成蟲會築一壺狀泥巢，再捕捉蝴蝶或蛾類的幼蟲置入巢中，做為幼蟲孵化後到化蛹期間的食物來源。

兩隻訪花的黃胸泥壺蜂。

聚集渡冬的紫斑蝶群。因身體含有來自寄主植物的劣味成份，少有鳥類來掠食。

聚集渡冬的斑蝶

　　每年寒流來襲之後，就會有一批斑蝶自北方（台灣北部、日本中南部地區）到台灣南部低海拔一些有水源、避風的山谷或密林，集體渡冬，一直到隔年的2、3月春天到來，再飛回北部地區。

　　這群斑蝶主要分成兩類，一為「紫斑蝶」，全身藍黑色，在陽光下會呈現琉璃色彩的藍色，有人稱之為幻色，雜以各種不同大小的白色斑點；另一為「青斑蝶」，也以藍黑色為底，全身雜以不同大小的白色條斑，幻色較不明顯。

　　這些斑蝶的幼蟲，都是以富含劣味植物鹼的寄主植物為食，體內均含有劣味成份，且各種類之間的外觀都很相似，用來警告捕食者，這類外觀的蝴蝶不能吃，以達到集體警戒的目的。這些斑蝶常見的種類有：小紫斑蝶（*Euploea tulliolus*）、斯氏紫斑蝶（*Euploea sylvester*）、端紫斑蝶（*Euploea mulciber*）、圓翅紫斑蝶（*Euploea eunice*）、琉球青斑蝶（*Ideopsis similis*）、小青斑蝶（*Parantica swinhoei*）、青斑蝶（*Parantica sita*）、姬小紋青斑蝶（*Parantica aglea*）、小紋青斑蝶（*Tirumala septentronis*）、淡色小紋青斑蝶（*Tirumala limniace*）、大白斑蝶（*Idea leuconoe*）、黑脈樺斑蝶（*Danaus genutia*）等。

三種外觀相似的紫斑蝶

小紫斑蝶

圓翅紫斑蝶

斯氏紫斑蝶

小青斑蝶

琉球青斑蝶

姬小紋青斑蝶

三種外觀相似的青斑蝶

狼披羊皮的——攻擊擬態

　　攻擊擬態（aggressive mimicry）是指掠食者將外形演化成獵物模樣，使獵物失去警覺性，以達到捕食的目的，就像是伊索寓言裡的大野狼，披著羊皮，混入羊群捕食的伎倆。火炭母草上的藍粗喙蝽擬態成藍金花蟲狀，以便捕食藍金花蟲的幼蟲就是一例。

正在捕食藍金花蟲幼蟲的藍粗喙蝽若蟲。

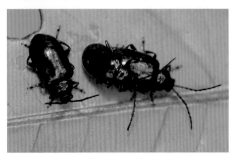

這是藍金花蟲的模樣，擬態藍金花蟲的藍粗喙蝽，就很容易在藍金花蟲的覓食區捕食與產卵。

藍金花蟲（*Altica cyanea*）

成蟲體長約0.6 cm，全身藍色，具有金屬光澤，活動於中、低海拔山區，喜食火炭母草，常常成群聚集，將火炭母草啃食得千瘡百孔。

藍粗喙蝽的成蟲

藍粗喙蝽（*Zicrona caerulea*）

成蟲體長約0.7 cm，全身藍色，具有金屬光澤，體型寬扁，觸角四節，喜歡捕食火炭母草上的藍金花蟲。牠和藍金花蟲體色相近，但藍金花蟲體型較為圓筒狀，且觸角較多節，可供辨識。

在地面奔跑的法師蛛（左圖），其腹上的淡色橫紋，很像渥氏棘蟻（下圖）腹背上的金色光澤。由於本科蜘蛛有捕食所擬態螞蟻的習性，法師蛛也會捕食所擬態的渥氏棘蟻，這也是一種攻擊擬態。

法師蛛（*Storena* sp.）

擬平腹蛛科，體長0.9 cm，身體外形很像螞蟻，但在頭胸部的隘收不明顯。

以計藏拙的──速度擬態

速度擬態（speed mimicry）是指行動緩慢的物種擬態移動快速的物種，如此可使某些掠食者放棄捕食。如長角蛉擬態蜻蜓。

紹德春蜓（*Leptogomphus sauteri*）

成蟲體長約4 cm，複眼綠色，胸部黑色，側面有三條黃斑，翅透明，翅痣黑色；為台灣特有種，活動於1000公尺以下的山區流水域。

長角蛉（Ascalaphidae）

外觀和蜻蜓相似，但觸角較蜻蜓長，且末端有膨大狀，身體也較蜻蜓柔軟；幼蟲（37頁上圖）喜歡棲息在樹皮的凹縫中，靜靜等待獵物經過，加以捕食。

長角蛉（下圖）長得好像紹德春蜓（右上圖）。長角蛉於黃昏後飛行捕食，白天停棲時外形像蜻蜓，可使飛行速度不及蜻蜓的掠食者放棄攻擊。

人類也有偽裝及擬態

　　大自然中各種生物為了生存，產生了各式各樣的偽裝及擬態行為，聰明的人類是大自然的一部分，當然也會使用偽裝及擬態的各式絕招，諸如在叢林或森林中作戰的軍隊，軍人會穿上迷彩布料的衣服，軍隊裝備的顏色大多採用綠色系，都是為了達到不被敵人發現的偽裝效果。賞鳥人或拍鳥的人為了能接近鳥類也會使用偽裝網或偽裝帳篷，讓鳥類不知道人類就在附近，少去警戒的心，才能捕捉到美麗、精彩的鏡頭。敵對的國家為搜集敵國的情資，會派遣間諜人員以各種不同身分去搜集敵情……，這些都是人類偽裝的行為之一。

　　至於人類的擬態行為，諸如仿冒知名產品(包裝盒和原產品很相似，產品的形狀和原產品類似等)、或是某某超商知名度很大，坊間就有一些私人的小店，就將外觀裝飾得和知名超商很雷同，讓人很難一眼就辨認出來……。逛

街時，不妨留意觀察人類的擬態行為，也是一種不同的體驗。

　　在自然界的偽裝與擬態行為是生存關鍵，偽裝得不夠好，或擬態得不夠逼真，往往會遭致天敵消滅。因此，生物間想盡各種方法改善自己的偽裝或擬態伎倆，就像一場無止境的生存競賽，也正因為有這些奇妙行為，才使大自然中充滿各種不同的驚奇與讚歎。

鳥類攝影者使用偽裝帳篷，以便在不驚擾鳥兒的情況下，捕捉精彩畫面。

參考文獻

方偉宏、馮雙等（2003）：都市賞鳥圖鑑。貓頭鷹出版社。

王嘉雄等（1991）：台灣野鳥圖鑑。亞舍圖書有限公司。

朱耀沂（2003）：黑道昆蟲記（上）。玉山社出版公司。

何健鎔（2003）：椿象。親親文化。

呂光洋、杜銘章、向高世（1999）：台灣兩棲爬行動物圖鑑。中華民國自然生態保育協會。

李榮祥（2001）：台灣賞蟹情報。大樹文化。

汪良仲（2000）：台灣的蜻蛉。人人出版社。

張永仁（1998、2001）：昆蟲圖鑑（一、二）。遠流出版公司。

張永仁（2005）：蝴蝶100。遠流出版公司。

陳仁杰（2002）：台灣蜘蛛觀察入門。串門出版社。

楊懿如（1995）：台灣兩棲動物野外調查手冊。行政院農業委員會。

Borror DJ, White RE. (1970).A Field Guide to the Insects. Houghton Mifflin, New York.

Farrant PA.(1999). Colour in Nature. Blandford, London.

O'Toole C, （1995).Alien Empire, Harper Collins, New York.

Purser B. (2003).Jungle Bugs. Firefly Books, Toronto.

攝影

王健得：P60（右上）、P70（左下、右下）、P67、P75（下）、P106（下）、P115、P119（右上）

李榮祥：P50（上）、P51~52、P53（右上、中、左中、下）、P54、P56（中、下）、P57、P111（下）

李文化：P68、P79

宋永昌：P19（上）、P61、P66（下）、P101（上）、P105（下）、P106（左上）、P122（左）

周文藝：P58（下）、P60（左上）、P75（上）、P76、P78、P84~88、P104（上）、P120（下）、P122（右下）、P123

林瑞典：P59

范力中：P24（下）、P26（上）、P42（上）、P44（左上、下）、P46（左）、P48（右上）、P109

陳仁杰：P12~15、P21（左）、P22（右）、P23（右上、中）、P26（下）、P28（上、右上）、P29（上）、P31（下）、P33（下）、P34~38、P40、P41（右下）、P42（下）、P44（右上）、P45（右下、左下）、P46（右）、P47、P48（左上、左下、右下）、49、P50（下）、P55、P56（右上）、P63、P65、P66（左上、右上）、P89、P91~92、P94（下）、P96（右下）、P98（左）、P99～100、P102（上）、P103（上）、P111（上）、P112~114、P116、P120（右上）、P121

陳昭敦：P20（下）、P23（下）、P28（下）、P53（左上）、P58（上）、P60（下）、P62（左上、右上）、P105（上）

陳正龍：P1、P24（上）、P27（下）、P41（左下）、P96（上）、P116（下）

許坤金：P120（上）

楊登元：P8、P17（下）、P21（右）、P23（左上）、P29（下）、P30、P31（上）、P32（左下）、P43（上）、P90（上）、P94（上）、P96（左下）、P110（上）

劉嘉暉：P9、P32（右上、左上）、P95、P97、P103（下）、P107、P108（上）、P118（左上）

鄧柑謀：P10～11、P16（下）、P17（上）、P18（上）、P22（左）、P25、P27（上）、P32（右下）、P39、P41（上）、P43（下）、P45（上）、P62（下）、P69、P70（上）、P71、P72~74、P77、P80~83、P90（下）、P98（右）、P101（下）、P102（下）、P104（下）、P106（右上）、P120（左下）、P120（右下）、P124

鄭信藏：P19（下）

韓志昌：P33（左上）、P93

顏英文：P18（下）

綠指環生活書 6
動物隱身術：自然追蹤眼力大考驗

作者 —— 高雄市自然觀察學會
策劃 —— 周文藝
主筆 —— 陳仁杰
撰文 —— 陳仁杰、李榮祥、鄧柑謀、梁靖薇、林瑞典、周文藝、吳慧鳳
主編 —— 張碧員
編輯 —— 劉枚瑛

版權 —— 黃淑敏、翁靜如、邱珮芸
行銷業務 —— 莊英傑、黃崇華、張媖茜
總編輯 —— 何宜珍
總經理 —— 彭之琬
事業群總經理 —— 黃淑貞
發行人 —— 何飛鵬
法律顧問 —— 元禾法律事務所 王子文律師
出版 —— 商周出版
　　　　台北市104中山區民生東路二段141號9樓
　　　　電話：(02) 2500-7008　傳眞：(02) 2500-7759
　　　　E-mail：bwp.service@cite.com.tw
　　　　Blog：http://bwp25007008.pixnet.net./blog
發行 —— 英屬蓋曼群島商家庭傳媒股份有限公司城邦分公司
　　　　台北市104中山區民生東路二段141號2樓
　　　　書虫客服專線：(02)2500-7718、(02) 2500-7719
　　　　服務時間：週一至週五上午09:30-12:00；下午13:30-17:00
　　　　24小時傳眞專線：(02) 2500-1990；(02) 2500-1991
　　　　劃撥帳號：19863813　戶名：書虫股份有限公司
　　　　讀者服務信箱：service@readingclub.com.tw
　　　　城邦讀書花園：www.cite.com.tw
香港發行所 —— 城邦(香港)出版集團有限公司
　　　　　　　香港灣仔駱克道193號超商業中心1樓
　　　　　　　電話：(852) 25086231傳眞：(852) 25789337
　　　　　　　E-mailL：hkcite@biznetvigator.com
馬新發行所 —— 城邦(馬新)出版集團【Cité (M) Sdn. Bhd】
　　　　　　　41, Jalan Radin Anum, Bandar Baru Sri Petaling,
　　　　　　　57000 Kuala Lumpur, Malaysia.
　　　　　　　電話：(603)90578822　傳眞：(603)90576622
　　　　　　　E-mail：cite@cite.com.my

封面設計 —— copy
內頁編排 —— 徐偉
印刷 —— 卡樂彩色製版有限公司
經銷商 —— 聯合發行股份有限公司 電話：(02)2917-8022　傳眞：(02)2911-0053

2007年（民96）7月初版
2020年（民109）4月2版
定價 380元　Printed in Taiwan　著作權所有，翻印必究
ISBN 978-986-477-800-3

國家圖書館出版品預行編目資料

動物隱身術：自然追蹤眼力大考驗 / 高雄市自然觀察學會著 — 2版. —
臺北市：商周出版：家庭傳媒城邦分公司發行，民109.04　128面;17x21公分. —（綠指環生活書;6）
ISBN 978-986-477-800-3（精裝）1. 動物行為　　383.7 109001619